广东科学中心
Guangdong Science Center

U0810590

走进科技航母

广东科学中心科普教育资源集

广东科学中心 编

SPM 南方传媒
广东科技出版社
全国优秀出版社
·广州·

图书在版编目（CIP）数据

走进科技航母：广东科学中心科普教育资源集 / 广东科学中心编．—广州：广东科技出版社，2023.8 （2024.1重印）

ISBN 978-7-5359-8057-1

Ⅰ.①走…　Ⅱ.①广…　Ⅲ.①科学普及—教育资源—广东　Ⅳ.① G322.765

中国国家版本馆 CIP 数据核字（2023）第 012824 号

走进科技航母：广东科学中心科普教育资源集

Zoujin Keji Hangmu: Guangdong Kexue Zhongxin Kepu Jiaoyu Ziyuanji

出 版 人：严奉强

责任编辑：杜怡枫　涂子滢

装帧设计：友间文化

责任校对：李云柯　邵凌霞

责任印制：彭海波

出版发行：广东科技出版社

（广州市环市东路水荫路 11 号　邮政编码：510075）

销售热线：020-37607413

https: //www.gdstp.com.cn

E-mail: gdkjbw@nfcb.com.cn

经　　销：广东新华发行集团股份有限公司

印　　刷：广州一龙印刷有限公司

（广州市增城区荔新九路 43 号 1 幢自编 101 房　邮政编码：511340）

规　　格：787 mm × 1 092 mm　1/16　印张 18.75　字数 375 千

版　　次：2023 年 8 月第 1 版

2024年 1月第 2次印刷

定　　价：78.00 元

编委会

前言 Preface

习近平总书记关于“科技创新、科学普及是实现创新发展的两翼，要把科学普及放在与科技创新同等重要的位置”的指示精神，将科普工作的重要性提到了前所未有的高度。

科技馆作为科普工作的主阵地，承担着普及科学知识与科学方法、弘扬科学精神、传播科学思想的重任。近年来，随着我国经济社会的快速发展，科技馆如雨后春笋般兴起，为公众提供了良好的科普教育场所。由于我国科技馆的建设历史不长，国内科技馆普遍存在着“重展轻教”的问题：展馆的建筑造型独特，内部的展品展项丰富多样，但围绕展品展项开发的教育内容的广度、深度和形式有所欠缺，这在一定程度上影响了科技馆科普教育功能的发挥。

《全民科学素质行动计划纲要（2006—2010—2020年）》和《全民科学素质行动规划纲要（2021—2035年）》的颁布，以及“研学”“双减”等政策的出台，在为科技馆的发展指明方向，提供利好政策的同时，也对科技馆如何深入挖掘、发挥科普资源，助推全民科学文化素养提高，提出了更高的要求和目标。

广东科学中心是广东省委、省政府投资兴建的大型公益性科普场馆，首期于2008年9月26日建成开放，2018年起部分开始更新改造。场馆占地面积45万平方米，是吉尼斯认证的“世界最大的科技馆/科学中心”，具有科普教育、科技成果展示、国际学术交流和科普旅游四大功能。广东科学中心以“国内领先，国际一流”的水平建成及改造成13个常设主题展馆，700余件（套）展项，5座科技影院，涵盖“实验与发现”“儿童天地”“绿色家园”“飞天之梦”“人与健康”“感知与思维”等主题。展馆自建成开放以来，依托丰富的展品展项资源在开展非正规教育的同时，围绕展品展项进行深度开发，形成了一系列的二度教育资源，累计吸引了2 000多万人次前来参观。

为让优质的科普资源惠及更多的人群，我们选取了实验与发现馆“儿童天地”“绿色家园”“飞天之梦”“人与健康”“感知与思维”6个展馆的展品展项资源和二度教育资源并将其进行了整理汇总，形成本书。

全书由广东科学中心展馆科普教育资源汇总、展项设计与科学教育，以及专项教育活动的设计与实施三部分组成。其中，展馆科普教育资源汇总以表格的形式对“实验与发现”“儿童天地”“绿色家园”“飞天之梦”“人与健康”“感知与思维”等展馆内的展品展项资源进行了汇总。展项设计与科学教育部分则结合展项的设计意图与教育部2017年颁布的《义务教育小学科学课程标准》的相关内容，筛选出展馆中适合小学阶段学习的展项，编制了“小学科学课程标准知识领域分类检索表”，并从展项背景、展示目的、展项描述、原理与知识、学习方式、现象描述、操作步骤、注意事项等方面进行了综合、全面的导入。专项教育活动的设计与实施部分呈现了6套适用于小学生开展体验互动式学习的科学之旅学生工作纸和配套的教师指南案例，以及7套适用于探究式学习的展项专项探究教案和科学之旅学生工作纸，供小学师生和展馆辅导员组织开展非正规教育活动时弹性参考与使用。

本书主要面向小学科学教师、科普场馆建设者和展教人员，以及广大的科普工作者。希望本书的出版能为我国新一轮科技馆建设高潮提供有益参考，可以指导中小学生在科技馆内开展探究性更强的研学活动并得到深度的科普教育，避免在参观科技馆时走马观花。小学生也可在家长的指导下利用本书开展深度探究活动。

在本书编辑过程中，广东科学中心陆续开展了展馆的更新改造工作，为了让本书尽快和读者见面，部分更新的展馆内容未收录在本书中。同时，因编者水平有限，部分内容可能会出现遗漏或错误，还请读者包涵和指正。

广东科学中心一批展教人员和广州市教育部门组织的一批优秀科学教师参与了本书的编写，在此一并表示衷心的感谢！各展馆参加编写、审核和教案开发的人员名单如下。

一、各展馆科普教育资源汇总和展项学习指导编写与审核人员

1.“实验与发现”展馆　编写：邱涛涛、蔡衍燕、侯瑜琼　　审核：张涌林

2.“儿童天地”展馆　　编写：吴志庆、陈健秋、方美玉　　审核：钟玉梅

3.“绿色家园”展馆　　编写：管昕、向燕、侯的平　　　　审核：梁皑莹

4.“飞天之梦”展馆　　编写：江敏、朱培玉、黄亚萍　　　审核：邹新伟

5.“人与健康”展馆　　编写：傅泽禄、侯瑜琼、叶小青　　审核：史海兵

6.“感知与思维”展馆　编写：关婉君、王建强、崔丹丹　　审核：郭羽丰

二、更新展项编写人员名单

1.“实验与发现”展馆　　编写：邱涛涛、蔡衍燕

2.“儿童天地”展馆　　　编写：陈健秋、吴成涛

3.“绿色家园”展馆　　　编写：向燕

4.“感知与思维”展馆　　编写：江敏

三、展项学生工作纸和专项探究教案开发人员

马学军、许广玲、孙宏、周达航、李智成、黄昕、侯的平、管昕、黎晓娟、许玉球、吴志庆、黄嘉健、钟志云、赵璟、羊荣兵

目录 Contents

上篇　广东科学中心展馆科普展项的设计与实施

下篇　专项教育活动的设计与实施

上篇

广东科学中心展馆科普展项的设计与实施

1 广东科学中心展馆科普教育资源汇总

广东科学中心的科普教育资源分布在不同的展馆，这里呈现更新改造后的“实验与发现”“儿童天地”“绿色家园”“飞天之梦”“人与健康”“感知与思维”6个主题展馆内的展项，列表汇总如下。

1.1 “实验与发现”展馆科普教育资源

序号	展项名称	展项简介
01	科学发现时间线	展示四大古老文明、科学精神的起源和科学的发展历程
02	傅科摆	通过单摆摆动平面与LED灯盘的相对转动来证明地球自转
03	埃拉托色尼测量地球周长	展示埃拉托色尼根据光的直线传播和简单的几何学原理测量出地球周长的巧妙实验方法
04	伽利略落体实验	重现比萨斜塔实验，利用不同落体组合的实验结果，让参观者了解伽利略研究落体运动规律的过程与方法
05	伽利略斜面实验	记录物体在斜面的下落情况，用实验的方法证实下落物体做匀加速直线运动，并将其推广到自由落体运动
06	重温法拉第实验	展示法拉第的一系列重要实验，揭示电与磁的奥秘，并展现法拉第在发现电磁感应定律过程中形象而巧妙的逻辑思维
07	光岛	参观者通过操作透镜、平面镜、滤光镜等光学元件，了解光的基本属性和光学元件的作用
08	窥视无穷、万丈深渊	通过一面半透半反镜和一面全反射镜，呈现出一组多次反射的图像
09	哈哈镜及可变角度多像镜	哈哈镜通过凸面镜与凹面镜的组合，能反射出压缩或拉伸的组合镜像；多像镜是利用组合成不同角度的平面镜，能反射出多个镜像
10	迷镜	参观者通过平面镜反射和直接观看，产生视觉和感知不匹配的错觉

（续表）

序号	展项名称	展项简介
11	偏振光迷宫	将偏振方向互相垂直的两段偏振片交叠在一起，使光线无法通过，让参观者在视觉上形成实际不存在的“墙”
12	万花筒	将6面镜子按照一定方式围合成开口一大一小的筒，使得光线在镜子表面来回反射，形成变幻莫测的美丽镜像
13	莫尔条纹	参观者通过叠加光栅图片，观察图案的变化，了解莫尔条纹是一种光学干涉现象
14	菲涅尔透镜	参观者通过菲涅尔透镜观察物体，了解菲涅尔透镜的放大作用
15	变幻的光	不停旋转的四方玻璃砖会让激光束反射和折射，从而形成缤纷变幻的光
16	看得见摸不着	展示一朵看得见却摸不着的木棉花，让参观者了解凹面镜成像的特点
17	太阳系	通过太阳系数控模型展示“日心说”及太阳系八大行星的相对位置和运行规律，并将“日心说”与“地心说”作对比
18	阿波罗实验	模拟阿波罗实验，展示不同材料的物体在真空或其他介质中的下落情况，加深参观者对自由落体运动规律的认识
19	摆长最重要	设置不同摆长、不同质量的单摆装置，让参观者了解单摆的等时性和影响单摆摆动周期的关键因素
20	蛇形摆	10个彼此独立、互不干扰且运动周期按某种规律变化的单摆摆动，让参观者思考产生这些有趣阵列图形的原因，进一步了解单摆的特性
21	能量轨道	参观者通过观察小球从高处释放后的运动轨迹，了解能量守恒定律
22	混沌摆	通过由1个主摆和3个副摆组成的T形摆的混沌摆动，形象地展示抽象的混沌理论
23	弹簧摆	展示弹簧摆的运动方式，让参观者了解共振的基本知识以及共振物体之间的能量传递
24	共振摆秋千	展示秋千和单摆共同摆动的现象，让参观者了解共振现象以及共振产生的条件
25	摇摆的磁铁	演示磁摆靠近铁块、磁块、塑料、线圈等不同物体时产生的不同效果，让参观者了解不同物体在运动磁场中的变化
26	牛顿摆	通过发生近似完全弹性碰撞的钢球，展示动量守恒定律和能量守恒定律
27	电磁波	展示电磁波家族的“全家福”，介绍不同频率的电磁波的应用以及电磁污染的危害

（续表）

序号	展项名称	展项简介
28	下降的磁铁	参观者通过观察在铜管、铝管、有机玻璃管中下落磁环的运动方式，了解变化的磁场在金属导体中产生的作用，以及不同金属电阻率的区别
29	电磁舞台	再现富兰克林、法拉第、特斯拉等人的经典实验与科学发现，让参观者了解电磁学的相关知识
30	尖端放电	演示尖端放电现象，让参观者了解在强电场作用下，物体的尖锐部分比圆端部分更容易放电
31	辉光球（盘）	玻璃球（盘）内惰性气体受到高频电场的电离作用而发生辉光放电
32	柔和的电击	参观者体验极小电流通过人体时的感受，从而知道人体是导体
33	人体导电	参观者通过人体连接电路点亮灯带，从而了解人体是导体
34	发电机	参观者通过摇动手柄点亮灯泡，从而了解发电机的工作原理
35	磁力爬坡、磁生电	磁力爬坡：线圈通电产生磁场，吸引小铁球，逐个将线圈通电，把小球从一端搬运到另一端 磁生电：倾斜玻璃管，磁球从一端滚到另一端，通过电磁感应，经过的线圈通电，点亮灯泡
36	旋转的银蛋	参观者通过观察银蛋的转动，了解三相交流电形成的旋转磁场
37	磁感应线	演示磁铁转动时周围小磁针指向发生改变的现象，让参观者了解磁铁周围磁感应线的分布特征
38	磁悬浮灯泡	展示悬浮于空中的灯泡，启发参观者思考灯泡悬浮的原因
39	万有引力碟	通过用漏斗形的万有引力碟模拟太阳系周围的引力场，展示太阳系行星运动的规律
40	排斥	通过演示小球从管道内抛出后小球及管道的运动方式，介绍作用力与反作用力的知识
41	离心现象	通过演示金属圆环在高速旋转中形状的变化，介绍离心力的作用
42	动量转台	在一个旋转的圆盘上，以游戏方式进行力学实验
43	陀螺转椅	参观者通过体验陀螺转椅，了解在一个旋转体系中，系统受到合外力为0的情况下，系统的角动量守恒
44	滑轮	参观者通过体验不同的滑轮，了解定滑轮、动滑轮及滑轮组的工作原理
45	锥体上滚	参观者通过“锥体上滚”的现象，了解重心的相关知识
46	气流投篮	参观者通过气流控制气球上升，了解伯努利原理
47	旋转小屋	参观者通过亲身体验“旋转小屋”，了解惯性离心力和科里奥利力的作用

（续表）

序号	展项名称	展项简介
48	越转越快	参观者通过体验向内或向外移动配重滑块后转台转速的变化，了解转动惯量与角速度的关系，认识角动量守恒定律
49	适者生存	以电子游戏的方式，介绍“物竞天择，适者生存”的自然法则
50	进化时钟	把地球46亿年的演变历史压缩为电脑钟上的1年，展示地球生命进化的历程，着重突出人类进化的历史仅是其中短暂的瞬间
51	遗传游戏	以角色扮演的多媒体游戏方式，介绍孟德尔豌豆实验、摩尔根果蝇实验和人类基因组计划
52	蛋白质生产线	通过有趣的动画和游戏，展示蛋白质合成中DNA复制、RNA转录和蛋白质翻译的过程
53	基因剧场	通过融入神话色彩和艺术元素的梦幻剧场表演，展示人类探索生命遗传奥秘的历程，并引导参观者思考人类应怎样正确把握基因技术与自然和谐发展

1.2 “儿童天地”展馆科普教育资源

序号	展项名称	展项简介
01	感觉实验室	分为“味觉站”“看一看”“摸一摸”“嗅一嗅”四部分，通过互动操作，参观者直观地感受味觉、视觉、触觉、嗅觉这4种感觉
02	人体翻斗乐	参观者在“翻斗乐”中认识大脑、眼睛以及肺等人体器官的功能和结构
03	小小诊所	展项设置了“人体内的声音”“解剖课”及“人体透视”，参观者可通过角色扮演了解人体的结构
04	超市	参观者可亲身体验一顿正餐食物的挑选、计价和付款过程，并通过就餐台的多媒体了解均衡饮食的知识
05	传声筒	参观者可以通过管道在嘈杂的环境中说悄悄话，了解声音可在管道中传播
06	食物作坊	参观者可成为“小厨师”参与月饼的制作过程，并从多媒体中了解面包、蛋糕、饼干的制作过程，体验制作食物的乐趣
07	你好	参观者通过聆听“地球”上不同的语言，了解30个国家、地区的问候语言和风土人情

（续表）

序号	展项名称	展项简介
08	猜表情	两位参观者同时猜测对方的表情所表达的情绪，通过体验了解人际交往的方式
09	手语、象形文字	参观者通过触摸屏幕选择参与多媒体游戏，既可让其了解和认识手语这一特殊语言形式，还可了解中国文字从实物、古代象形文字到现代汉字的演化过程
10	请勿喧哗	参观者通过听筒和多媒体中模拟的不同交谈情景，学习语言交流中的社交礼仪
11	打喷嚏	参观者通过翻板互动及观看多媒体，学习社交中打喷嚏的正确处理方式
12	合闯迷宫	两位参观者合作将小球从迷宫的起点带到终点，培养团队意识
13	齐心协力	三位参观者，合作移动绳子，将小球从起点带到终点
14	动物的伪装与盔甲	参观者通过拼图及观察动物标本，了解动物如何利用保护色或盔甲保护自己
15	蜂窝	参观者通过观察真实的蜂窝，认识蜂窝的结构和蜜蜂的生活习性
16	蝴蝶的一生	参观者通过拼图触发多媒体播放，认识蝴蝶、蜻蜓、蚊子、娃娃鱼等变态动物的生长过程
17	食物墙	参观者通过我国地图了解农作物（荔枝、辣椒、橘子、花生等）的主要种植地，认识其在各阶段的生长形态
18	人与动物的心跳	参观者通过听不同动物以及人类的心跳声，了解人与动物心跳的差异
19	石油资源	参观者通过油井模型和多媒体互动，了解石油的形成、开采过程及用途
20	地球的结构	参观者通过地球剖面模型和语音介绍，认识地球的结构及火山的形成
21	矿石之旅	参观者通过在矿山、炼钢厂、汽车厂中分别模拟采矿、炼钢、造车等流程，了解矿石如何变成制造汽车的材料
22	动物的交流	参观者通过多媒体了解狼、黑猩猩、海豚、大象等不同动物的交流方式
23	动物的足迹和声音	参观者通过踩动踏板，可听到各种动物的声音，并经图文了解不同动物的脚印及声音特征
24	动物的家	参观者通过模型和多媒体，了解蚂蚁窝、蜘蛛网、河狸巢穴的结构和特点
25	动物化石	参观者通过观察实物及图文板，在触摸对比后区分化石、骨头与普通石头，了解化石的特点，并体验考古的乐趣

（续表）

序号	展项名称	展项简介
26	摸不着的“恐龙”	参观者通过观察恐龙模型的像，了解凹面镜成像原理
27	飞翔的翼龙	参观者通过观看翼龙飞翔的动画，了解频闪技术和视觉暂留现象
28	花钟	通过相应月份的花朵模型的“开放”及多媒体的播放，介绍在该月份开花的植物名称及它们在该时间开放与环境的关系
29	植物的生长	参观者通过拼图触发多媒体播放，认识植物的发芽、光合作用、授粉、开花、结果等过程
30	幼儿乐园	设置“听听动物的声音”“花鼓”“喇叭花”“地面琴”“音乐小手印”“竖琴”“钢管琴”“大象称重”“摘果子”和“当一回动物宝宝”等展项，让幼儿在活动中感受色彩、形状和声音的美妙
31	交通学校	参观者通过参与模拟城市驾驶等多媒体互动游戏，学习交通安全知识和交通规则
32	伯努利水球	参观者通过互动，观察到在流体中滚动旋转的球不容易掉落，从而了解伯努利原理
33	不平衡桶	参观者通过按压手柄向不平衡桶内注水，观察桶内重心点高于支撑点时不平衡桶失去平衡的现象
34	水轮音乐琴	参观者通过按压手柄，让压力泵提水，冲击水轮转动，从而奏出美妙音乐
35	漩涡	参观者通过观察投进水容器里的小球的运动方式，了解漩涡具有向中心抽吸的特点
36	物料传送	参观者在体验中了解工地上的物料运输设备及其功能，锻炼动手能力
37	震动台	参观者通过将拼装好的房屋模型分别在震动台测试抗震等级，了解房屋的结构及建筑施工中所运用的科学原理
38	地下管道	参观者通过进入模拟的地下管道，了解城市地下的水、燃气、网络管线的构成及布局
39	汽车修理	展项设有一台能装卸部件的汽车，参观者使用现场提供的工具拆卸及组装车轮、排气管、车灯等汽车部件，了解这些部件的特点，锻炼动手能力
40	安全标志拓印	参观者通过临摹或拓印图片得到交通标志图，加深对指示、警告、禁令及指路标志的认识
41	电的旅程	参观者通过脚踏或手摇发电，向“城市”配送电，跟随代表电的小球点亮“城市”，体验电的传输过程
42	转轮水车	参观者通过按压水枪喷射水流冲击转轮，使转轮转动起来，了解水枪喷射的水流具有动能

（续表）

序号	展项名称	展项简介
43	水上隧道	参观者通过攀爬互动游戏，了解隧道如何在不影响河流航运的情况下建造供人员与车辆快速通行的通道
44	阀门	参观者通过互动可了解阀门是管道的控制装置，它能接通或断开管道中的水，调节进入管道的水的流量并控制水的流动方向
45	潜水艇	参观者通过按“上浮”或“下潜”按钮，控制潜水艇中的水量，进而控制潜水艇在水中的沉浮
46	打气泡	参观者通过按压手柄，打出气泡，了解浮力的大小与液体的密度成正比
47	水流射程	参观者通过转动手轮调节储水容器的高度，了解有机玻璃管各孔射出水的距离与水压的大小有关
48	水力射球	参观者用水流冲击小球，将动能传递给小球，使小球从轨道低处运动到高处
49	旋转水流	参观者通过显示器，或使用手机、相机等数码设备的摄像功能，观看水流螺旋形的运动轨迹，以及水流“静止不动”或“从下往上倒流”的有趣现象
50	阿基米德螺旋	参观者通过转动手轮，了解螺旋如何把水从低处送到高处
51	水力发电	参观者通过转动手轮，探索、认识水力发电的原理
52	虚拟灭火	参观者通过灭火体验及观看多媒体视频，了解火灾自救与逃生知识
53	水的故事	参观者通过跟随“小水滴”，了解水的用途并学习如何节约用水
54	水的循环	展项以光电演示的形式，展示自然界水循环的过程
55	大卡车	参观者通过体验卡车模拟驾驶和观察车内的物料装载及输送情况，了解卡车的物料装载及运输功能
56	冲击钻	参观者通过体验冲击钻工作时的实感，了解冲击钻在建筑施工中的作用
57	滑轮吊桶	参观者通过使用滑轮组在不同楼层间运送砖块等物料，了解滑轮的作用和特点，锻炼动手能力
58	挖掘机	参观者通过控制挖掘机机械“手臂”抓取“砂石”，锻炼动手操控能力
59	蜈蚣管	参观者通过蜈蚣管将“砖块”送回地面，体验人类在建筑中的智慧发明
60	潜望镜	参观者通过潜望镜观察工地二楼的情况，了解潜望镜的用途
61	传声管	参观者通过传声管与一楼或二楼的小伙伴进行交流，感受声音在管道中的传播

（续表）

序号	展项名称	展项简介
62	接管道	参观者用连接棒将管道连接起来，感知城市中错综复杂的能源供应网，初步了解水、电、气的传输过程
63	砌砖墙	参观者通过砌砖墙，了解每种砌砖墙的方式都要遵循“错缝”的原则，才能使墙体结实美观
64	测水平	通过互动，参观者能够了解水平仪的功能、使用方法及其在建筑测绘中的应用
65	测距离	通过互动，参观者能够了解测距仪的功能、使用方法及其在建筑测绘中的应用
66	拉索桥、拱桥	参观者亲手搭建拉索桥、拱桥，了解桥梁的结构及受力特点，同时锻炼动手能力
67	发明的启示——鲁班与锯	展项通过图文介绍与互动，引导参观者观察小草叶片的锯齿结构，了解鲁班发明锯的经过，从中获得启示，激发发明创造的兴趣和信心
68	发明的启示——拼齿轮	参观者在拼齿轮的过程中，了解简单的机械传动原理
69	发明的启示——接电路	参观者在接电路的过程中，了解电路的构成以及如何分辨导体和绝缘体
70	发明的启示——接气缸	参观者在互动过程中，了解机械传动装置、气动装置及发声装置的结构、功能和原理
71	发明的启示——磁力转盘	参观者在互动过程中，了解同性磁极相斥、异性磁极相吸的原理，认识简单的机械传动
72	发明的启示——魔术贴	参观者通过图文介绍与互动，了解魔术贴的结构和发明魔术贴的小故事，培养从生活的方方面面去发明创造的思维
73	做动画	参观者将临摹或拓印的图片组按顺序插入转盘，快速转动，可看到动态的画面，在其中感受视觉暂留
74	走马灯	参观者转动走马灯，可看见镜子里的小人偶在“跳舞”，了解动画的原理并体验制作动画的乐趣
75	竹蜻蜓	参观者通过转动手柄，驱使竹蜻蜓上升，从而了解竹蜻蜓叶片的空气动力学结构和飞行原理
76	发射	参观者通过拉起并释放保龄球，观察网球射出的高度，学习、了解气动装置的结构、功能和原理
77	装行李	参观者在互动过程中，学习通过合理的组合方式，将行李全部放进汽车后备厢，培养参观者的空间想象能力和思维能力
78	光点拼图	参观者通过将塑料棒插入拼图板，“绘制”美丽的图案或参照图案“作画”

（续表）

序号	展项名称	展项简介
79	拉链	介绍了美国机械师贾德森发明拉链时受到的启发，鼓励参观者勤于思考
80	“玩”出的发明	介绍眼镜、望远镜和显微镜的发明过程，让参观者知道这些都是受生活启发而发明出来的
81	瓦特与蒸汽机	参观者通过拉动壶盖，观察蒸汽推动活塞运动从而带动车轮转动的现象，了解高效率蒸汽机的工作原理以及发明灵感

1.3 “绿色家园”展馆科普教育资源

序号	展项名称	展项简介
01	灾害剧场	展项通过情景模拟，结合多媒体和图文板等方式，让参观者在互动体验中学习沙尘暴、地震和台风等常见自然灾害的相关科学知识
02	新能源机器	以“能源树”形式，结合多媒体，介绍太阳能、风能、地热能、核能、生物质能和氢能等新型能源的相关知识及应用
03	听力测试	参观者通过多媒体参与听力测试，从而了解自身听力的灵敏度，认识保护听力的重要性
04	紫外线测试	利用多媒体介绍紫外线的相关知识，让参观者通过紫外线检测仪测量紫外线透过不同物体后的强度，认识紫外线的危害
05	地球的故事	展项通过球形投影介绍地球诞生46亿年以来的地球运动、气候形成、地质历史、地球表面构造和地球的现状等知识
06	太阳常数	展项通过1 366瓦的白炽灯照射模拟太阳光，让参观者了解太阳常数、太阳能量等相关知识
07	太阳能飞机	参观者将反射的灯光聚集在飞机的太阳能板上，驱动飞机飞行，从而了解太阳能飞机的动力来源
08	叶片间距/角度	参观者通过改变桨叶的叶片角度，了解叶片角度与涡轮转速的关系
09	核乒乓	用乒乓球及触发装置模拟展示链式核裂变反应的过程及特点
10	河电站	展项通过可以变动水位的水箱，展示卡普兰式涡轮机的工作原理
11	波浪能	展项通过水缸、活塞及连接着线圈的浮子，展示波浪能的发电原理
12	能量比赛	参观者通过转动曲柄，驱动小车在迷你能量赛道上赛车

（续表）

序号	展项名称	展项简介
13	测试风车	演示风力涡轮机如何对不同的风速作出反应，以及叶片如何在暴风雨中紧急停止运动
14	地球的四个外圈	介绍地球的四个外圈，即大气圈、水圈、生物圈和岩石圈的分布范围及特点
15	大陆漂移	通过多媒体介绍不同地质年代的大陆形状和大陆漂移假说等知识
16	珠江水中漫游	利用多媒体、雾屏投影等展示珠江水下不同河段的生态环境，让参观者犹如在水下行走，同时让他们了解珠江水底的生物物种及生态系统
17	食物链模拟游戏	参观者通过互动游戏了解食物链的基本构成，以及食物链在维持生态平衡中的重要性
18	多根的树	展项以广东新会的“小鸟天堂”为原型，通过多媒体介绍“小鸟天堂”独木成林的生态系统以及植物的营养根、气生根等相关知识
19	南亚热带常绿阔叶林	以仿真森林直观展示南亚热带常绿阔叶林的植物景观，并通过多媒体介绍南亚热带常绿阔叶林的特色植物及其相关知识
20	岩石层	以岩石模型为背景展示动植物化石标本，通过多媒体介绍常见岩石的构造、岩石中已灭绝的动物化石、生活在地面及地下的动植物等相关知识
21	地震检波器	展项通过多媒体介绍地震的相关科学知识，实时显示参观者跳动产生的强度（震级）和波形图，并与历史上著名地震的波形图进行比较
22	地球物体剧场	展项通过舞台上的三维视频和机械木偶的拟人化表演，以故事的形式讲述如今地球所面临的环境污染问题
23	天气预报和气候预测	利用多媒体介绍天气与气候的基本知识，参观者可模拟体验天气预报员预报天气的过程
24	天气制造者	参观者通过模拟制造天气，了解在不同气候条件下天气的影响因素以及相关科学知识
25	城市噪音	通过多媒体介绍噪声的产生原因、类别、特性以及如何控制噪声以保护听力等知识；同时通过噪声监测仪实时显示参观者在多媒体中选择试听的不同场合噪声的强度
26	绿色广场	展项为一开放空间，供参观者休息或进行关于绿色环保理念的思考
27	水的三态	展项提供水的气、液、固三种状态的触觉体验，唯美而震撼，吸引参观者探析水分子的特性
28	板块运动	参观者通过转动板块模型基座上的手轮，观看板块的运动
29	旋转中的四季	用地球仪和太阳模型展示地球的倾斜和太阳光从不同角度照射到地球表面时引起的四季变化
30	弄潮	转动手柄，观察月球围绕地球运动过程中潮汐的变化

（续表）

序号	展项名称	展项简介
31	世界人口增长	展项设置一个大型机械计数器，显示当前世界人口的总数和增量
32	冰芯	参观者左右移动屏幕，可探索冰芯里记录的科学信息；点击“认识冰芯”按钮，可深入了解冰芯
33	合理利用能源	三个沙漏分别模拟人类只依靠煤炭、天然气、石油来支撑时，全球能源被消耗完毕的速度
34	龙卷风	用装置模拟形成龙卷风，供参观者体验，并介绍龙卷风的形成和危害等相关知识
35	烟囱	展示工业废气的净化设备模型，介绍静电除尘、脱硫、除氮3种工业废气净化技术的原理
36	家电能源测试	参观者通过游戏了解耗电量为1°时，不同家用电器的运行时间，增强在生活中使用低能耗家用电器的意识
37	个人用水	对比显示普通设备与节水设备用水量的差别，启发参观者科学合理地用水
38	交通碳排放	展示不同交通工具行驶相同距离时的二氧化碳排放量
39	吸血鬼的力量	参观者可通过插头触发多媒体，了解不同家用电器或电子设备在待机状态下的耗电量
40	食物碳排放	通过转盘和多媒体介绍不同食物的碳排放量及相关信息
41	创建更好的家园	参观者尝试用有节能特性的墙和屋顶建造节能环保房屋
42	一张沙发的碳排放	展示一张沙发中各组成结构（纺织物、泡沫填充物、金属件、混合件、木结构）碳排放量的百分比
43	碳循环	展项通过游戏让参观者了解碳的自然循环、社会循环，以及如何保持两者的平衡状态
44	燃料站	设置四种能源（氢气、压缩天然气、电、汽油）的供应站，多媒体分别介绍在相同碳排放、相同价钱、加满一次等条件下，使用不同能源的车辆可以行驶的距离
45	垃圾分类	多媒体介绍垃圾分类处理的相关知识，让参观者在互动游戏中了解常见垃圾的分类；展示庞大的垃圾柱，让参观者明白垃圾分类处理的重要性
46	与地震波赛跑	展项通过地震预警信息的接收终端，实时接收并显示省地震台网中心发出的地震预警信息，快速估算地震对终端安装地的影响，并提供信息和预警服务，向参观者展示防震减灾科普知识
47	回收循环	展示可回收循环垃圾回收再造后的新用途
48	垃圾时间线	介绍不同的垃圾从填埋到充分降解所需的时间

1.4 “飞天之梦”展馆科普教育资源

序号	展项名称	展项简介
01	热气球	展示一个非密闭性热气球，参观者通过加热空气并释放气球，了解热气球升空原理
02	空气压差造成的升力	参观者通过操作鼓风机使圆盘上、下表面产生压力差，感受由空气压差造成的升力，从而了解伯努利效应
03	航空航天历史墙	以图片和文字的形式展示人类航空、航天的发展历程
04	感受升力	参观者戴上机翼模型走进风洞，张开双臂对准气流，改变机翼模型的角度，从而感受机翼升力的变化
05	悬挂式滑翔机	参观者通过模拟操控一架悬挂式滑翔机，体验在不同条件下的飞行，了解滑翔机的飞行原理
06	空中交通管制塔	参观者模拟空中管制员，通过多媒体和游戏对飞机的起飞、降落或紧急迫降进行模拟控制，从而了解空中交通管制的相关知识
07	飞行模拟剧场	模拟一个简易的飞机驾驶舱，利用弧形投影技术将驾驶飞机的场景及飞行的视野投影到120° 的弧形银幕上，参观者通过体验了解飞机从起飞到降落的全过程
08	伯努利升力和牛顿升力	参观者一方面可通过改变机翼迎向气流的角度，观察牛顿升力的产生及其在“飞行”中的作用；另一方面可根据操作观察乒乓球在玻璃管中的相对浮动位置，了解伯努利升力产生的原理及作用
09	机翼与升力	参观者启动风扇，通过调节风速观察机翼和小球的变化，了解风速如何影响机翼的抬升
10	空气有多重	展项以问答的方式让参观者估算展馆中的空气有多重，使其了解空气是有质量的
11	最短路径	参观者通过测量地球仪及地图上两点间的距离，了解这两种距离与实际飞行的最短路径之间的差异
12	拼装超音速飞机	参观者通过多媒体和拼装飞机模型，了解超音速飞机的外形特征，以及飞机外形对提高飞机性能的作用
13	卫星通信模拟	展示地球卫星通信系统模型，参观者通过模拟信号的发射和接收，了解卫星通信的工作原理
14	三维滚环	模拟飞船在太空中发生故障失控时的状态，参观者通过体验，了解航天员所需的适应能力、自我平衡能力和在旋转环境下的操作能力
15	电动转椅	参观者通过体验电动转椅，感受航天员在训练时的严格性，也可检查自身前庭功能

（续表）

序号	展项名称	展项简介
16	航天服	展示一套真实的舱内航天服和一套供参观者拍照的航天服模型，借助多媒体，让参观者了解更多关于航天服结构和功能的知识
17	宇航手套	通过游戏，参观者体验宇航员戴上手套工作的难度和不灵活性
18	中国太空探索史	展项通过多媒体影像和长征系列火箭模型，向参观者展示我国太空探索的历程和成就
19	轨道速度和飞离速度	参观者通过设定发射速度、入轨角度、轨道倾角和发射时间等参数，了解成功发射卫星的基本参数
20	太空行走训练	参观者通过在圆形模拟舱体中360°行走，体验宇航员在失重环境下是如何行走的
21	火箭发动机与螺旋桨发动机	通过演示火箭发动机和螺旋桨发动机在真空和非真空中的工作情况，展示其工作原理
22	太空生活表演	展项通过实物模型等介绍我国的4个太空试验，并借助航天实物和真实影视向参观者介绍航天员在空间站的生活情况
23	太阳系漫游	参观者骑着自行车漫游“太阳系”，了解太阳系八大行星的分布及表面特征等相关知识
24	宇宙漫游	参观者“驾驶”摩托车在宇宙中“漫游”，了解宇宙相关天体知识
25	在月球上跳跃	参观者通过在与水平面夹角为8°的“月球表面”蹬跳，模拟在月球上跳跃，体验月球上的重力环境
26	比较行星大小和距离远近	展示根据实际大小和距离按比例缩小的太阳系八大行星模型，了解太阳系八大行星的相对大小、至太阳的距离和表面特征等知识
27	十次幂	多媒体展示以十的幂次方逐级放大或缩小时人的视野范围，使参观者了解宇宙中的宏观世界与微观世界的相互联系及区别
28	星座图形连线	利用图像识别技术，参观者通过手形互动，了解十二星座的名称、位置及有关的星座知识
29	宇宙大爆炸和红移现象	多媒体介绍宇宙大爆炸和多普勒红移现象
30	哈勃望远镜	利用多媒体和模型，展示哈勃望远镜的机械结构、光路原理及其拍摄到的宇宙图像
31	人造卫星地图	利用球形投影，参观者通过游戏了解我国历史上具有重要意义的10颗人造卫星的发展历史、发射意义、运作情况和作用等基本知识
32	未来的太空船推进系统	参观者通过多媒体互动游戏，设置一台未来磁致离子桨动力推进器的参数，了解未来太空船推进系统需要的参数
33	寻找地球外生命	多媒体互动模拟对来自太空的无线电信号进行筛选和处理

（续表）

序号	展项名称	展项简介
34	设计月球挖掘机	多媒体互动，让参观者设计月球挖掘机的同时，了解其性能和工作原理
35	模拟双恒星星系引力场	本展项采用“多体引力模拟装置”模拟双恒星星系引力场。参观者可以通过发射小球（模拟行星），观察小球（行星）在模拟装置（双恒星星系）中的运行轨迹
36	小球是怎样动起来的？	这是一个关于“伯努利原理”的展示，即“物体间空气流速越快，压强越小”。空气在球体间流动，减少了球体间的压强，所以“正常”的外部压强就把球体推到了一起
37	模拟飞行	模拟飞行器是一种电子机械装置，能够模拟飞行的情况，从而训练飞机、太空舱的驾驶员及飞行人员，是一种安全、经济、有效的训练方式。通过游戏，参观者模拟操控飞机飞行的姿态，了解飞机操控的复杂性
38	航天发射指挥控制中心	沙盘区通过实物模拟和可视化仿真技术，展示载人航天发射的基本过程。参观者经过“角色”选拔和岗位培训，进入指挥控制大厅，在相应岗位与在模拟真实条件座舱区的“航天员”共同完成某特定的“载人航天任务”

1.5 “人与健康”展馆科普教育资源

序号	展项名称	展项简介
01	绘制您的体型图	参观者将身体背面或侧面压印到针幕上，便可看到“绘制”的自身体型的图像
02	肠子有多长	参观者用力将“肠子”拉出来，看看它到底有多长，从而了解肠道是人体重要的消化器官，大量的消化过程和几乎全部消化产物的吸收都是在肠道内进行的
03	人体含水量	用直观的方法显示体重与体内含水量的关系，让参观者了解不同性别、不同年龄的人体内含水量是不同的
04	人体之旅	参观者通过移动操纵杆“游历”人体的各大系统，并学习相关知识
05	胎儿发育	展示胎儿在孕妇体内5个不同阶段（8周、16周、24周、32周、40周）的发育状况；参观者通过操作模拟的B超扫描仪，观察胎儿在母体中5个不同角度的活动状态

（续表）

序号	展项名称	展项简介
06	强大的心脏	参观者通过观察心脏模型，认识心脏的结构，按压操作杆，观察模拟人体血液循环，从而了解到心脏是血液循环的动力来源
07	心脏	参观者通过观看心脏模型，了解心脏的结构、形状和大小等特征
08	心跳鼓	参观者双手紧握手柄，身体保持不动，测试运动前与运动后的心率，观察心率的变化
09	正常和受阻的血管	血管是人体运送氧气和营养物质的主要通道，参观者转动手柄，观察正常血管内的压力，按压软膜，模拟受阻的血管，并观察血压的变化
10	吸烟的肺	参观者观看模型和多媒体展示，认识吸烟对人体的肺和肺泡造成的影响，了解吸烟对不同人群的危害
11	听听身体的声音	参观者将听筒靠近人体的某一器官（圆点），聆听器官发出的声音
12	人体拼装	参观者可将人体肌肉和器官模型拼装到人体模型上，了解它们的结构和位置
13	食物之旅	参观者用手拨动代表食物的小球，使其到达各个器官，从而了解食物消化分解的过程
14	牙齿的清洁	参观者拿起牙刷，跟着动画学习正确的刷牙方法，看看牙菌斑被清除了多少，了解正确刷牙和使用牙线的重要性
15	灵巧的手	参观者用不同的姿势握住小球，观看虚拟影像，注意手部关节和骨骼的动作及姿势变化，认识手的肌肉结构和功能
16	关节	参观者通过组装关节模型，并操作其运动，对照玻璃罩内的人体骨骼关节，找到并了解不同的关节在模型中的位置、结构和运动方式
17	弯曲的脊椎	参观者坐在座位上，尝试不同的坐姿，观察脊椎的运动，了解其构造和作用
18	人体呼吸	参观者通过按压圆筒，观察横膈膜肌肉的收缩和舒张与肺部变化的关系，了解人体呼吸的过程
19	中国针灸	结合铜人模型和多媒体技术，让参观者了解我国针灸的历史、发展和现状，以及人体主要穴位及其功能
20	DNA拼装	参观者在玻璃筒上组装碱基，构建不同的DNA片段，从而了解碱基互补配对原则
21	DNA数据库	多媒体技术展示人类23对染色体的特点及其与人类性别、智力、记忆、疾病等的关系
22	健康研究实验室	参观者转动载物台，选择将不同的样本放在显微镜物镜下方，了解影响健康的因素，从根源预防疾病，促进健康

（续表）

序号	展项名称	展项简介
23	数字人	参观者触摸显示屏，了解数字人技术主要应用在哪些方面
24	虚拟人体漫游	利用计算机三维成像技术，参观者会“漫游”于虚拟的三维人体世界，了解人体器官的形态结构和功能以及各系统之间的协调
25	反应时间测试——消灭昆虫	参观者可选择单人或双人模式，用手拍打昆虫，看谁消灭的昆虫数量多，了解人的反应速度
26	静脉可视器	参观者将手放入指示区内，观察手部的血管分布及血液流经静脉时的实时图像
27	血压测试	参观者通过体验血压测量，对标成人正常血压标准，判断自身血压情况
28	身高体重和体型指数测试	参观者站在身高体重仪上，系统将自动测试其身高、体重和身体质量指数，从而判断体型是否符合标准
29	体脂率测试	参观者根据操作提示，输入身高、体重、年龄、性别，测量体脂率，了解个人的“胖瘦”程度
30	握力测试	参观者尽全力去握住手柄，看看自己的握力有多大，了解握力体重指数
31	摸高测试	通过显示屏显示参观者跳前和跳后两次碰触面板的高度差，参观者能够测试其垂直弹跳能力
32	跺脚比赛	通过跺脚比赛，测试参加者的灵敏程度，使参加者了解到灵敏是会受到身体平衡、协调性、重心位置、速度和技巧的影响
33	平衡测试	参观者双手抓住扶手，踏上晃板，待晃板与地面平行后，双手离开扶手，计时器开始计时，通过在晃板上保持平衡的时间了解个人的平衡能力
34	柔韧性测试——躯体扭转能力测试	参观者双脚分开，背对站立在至测试装置约一臂距离的位置，向前伸直双臂，保持下肢不动，扭转上半身推动滑块至最远处，观看刻度和图文板，了解自己的躯体扭转能力
35	柔韧性测试——坐位体前屈	参观者坐在测试平台上，双脚伸直并拢蹬在前方平板上，双臂平伸，上体前屈，掌心向下，手指推动浮标滑块，观看刻度和图文板，了解自己的前屈能力
36	敏捷赛道	展项设有单脚跳、障碍筒、障碍墙等趣味运动环节，计时检测参与者的敏捷性
37	与运动员同场竞技	参观者可在一条长15米的跑道上与运动员竞赛，领略竞技的魅力
38	健康生活	参观者可转动转盘，用指针选定人群，了解食物的成分和不同人群的营养需求，提高健康水平和生命质量

1.6 “感知与思维”展馆科普教育资源

序号	展项名称	展项简介
01	感知线索剧场	采用全息音响技术，使用喷水、喷气等多种特效，向参观者提供声音、气味、画面等感知线索
02	透过其他眼睛看世界	模拟人眼4种不同的视觉效果，以及青蛙、鱼、狗和鹰4种动物的视觉效果，让参观者认识人类与其他动物的视觉差异
03	彩绘您的世界	参观者通过踩踏地垫将三基色按照不同比例混合，得到不同颜色的图案，从而了解人类色觉的原理以及色彩的相关知识
04	趣味环绕声	参观者通过体验环绕立体声了解人类立体听觉的原理
05	选择性听觉	展项设置2种不同的声源信息，参观者可以通过体验选择性听觉效果，了解鸡尾酒效应
06	奇妙的透视	根据透视学原理设计的头骨模型和半球模型，分别展示人类认知事物过程中的“自上而下”和“自下而上”2种不同的认知加工方式
07	梦境	在旋转平台上设置一系列静止的、代表连续动作的分解动作模型。当旋转平台高速转动时，在频闪灯的配合下，参观者可看见一段连续的魔术动画，从而了解视觉暂留现象
08	迟到的声音	延迟反馈参观者的声音，让参观者体验声音延迟会干扰人语言表达的流畅性
09	透视小屋	展项设置一个空间错落、位置分隔的不完整场景，参观者透过特定的观察孔，却能看到一个“完整”的场景，该现象让参观者体会人的眼睛和大脑视觉中枢神奇的视觉功能和空间感知能力
10	透视阴影	将巧妙设计的香蕉模型放置在特制的光路上，形成猴子的影子，让参观者了解影子产生的原理
11	不可能的笼子	参观者透过观察孔观察一个经独特设计的笼子之外的猴子犹如被“关”在笼子里的现象，了解透视学和视错觉的原理
12	光影雕塑	设置3根红色光棒，让参观者看到其隐藏的特定图案，同时利用旋转的绳索和圆环形成立体图案，让参观者了解视觉暂留现象
13	视觉负后像	参观者盯住绿色猴子图形约30秒后，迅速将视线转到画有笼子的图形，就会看到笼中出现“红色”猴子的影像，体验视觉负后像
14	运动中的错觉	参观者通过观看多媒体动画，感受物体在运动过程中产生的错觉
15	视觉与经验	一幅根据透视学原理设计的非常规视觉的立体模型，被参观者看成一幅会随脚步的左右移动而变化的常规视觉的平面画，让参观者体验神奇的视错觉

（续表）

序号	展项名称	展项简介
16	声音错觉 ——连续音调	参观者通过连续按下12个不同声调的按钮，在预期音调会不断升高的心理作用暗示下，体验音调不断升高的错觉
17	声音错觉 ——幻听词语	参观者的大脑能将2个喇叭发出的不同词语组织起来，并与已有的知识和经验相结合，理解为另外一个词语，产生“幻听词语”的错觉
18	倒挂秋千	参观者坐在静止的椅子上观看转动的LED光带，体验“荡秋千”的感觉，从而了解参照物在人们判断物体运动时的作用
19	像素点图片	一面白墙上布满许多大小相同、深度不同的小孔，在光源的照射下小孔会产生一个个细小的阴影，这些阴影就是形成图像的像素点，它们会构成特定的图案
20	错觉转盘	通过转动绘有不同图案的圆盘，参观者体验千奇百怪的视错觉
21	镜子迷宫	多面镜构成一个迷宫，利用镜子对光的反射作用，形成一个让参观者产生视觉错乱的场景
22	失真的图像	利用一个特制的锥体镜，将变形的图画“还原”成符合常规认知模式的正常画面，让参观者体验知觉定势
23	佩珀尔幻象	利用半透光镜子和不同强度的灯光，产生不同的成像，让参观者体验自己头部影像和镜后作为道具的猴子头部互换的神奇，从而了解佩珀尔幻象的原理
24	天鹅绒触感	参观者将双手顺着钢丝网格轻缓地滑动，可体验有如揉搓羽毛或绸缎等物品的感觉，从而了解触觉错觉现象
25	冷与热	水平圆柱的两端分别缠绕一冷一热的铜管，中间则交替缠绕。参观者通过感受圆柱中间让人“刺痛”的温度变化，了解与温度感知相关的错觉现象
26	保持平衡	参观者通过体验单脚站立在左右移动的斑马条纹板前不易保持身体平衡的现象，发现眼睛接收的参照物的信息会干扰小脑作出正确的保持平衡的指令
27	隐身屋	一个巧妙设计的魔幻小屋，能让参观者体验到仅留下头部而身体其他部位消失的神奇视错觉现象
28	颜色字	参观者通过游戏测试抗干扰能力，了解大脑在处理文字与颜色时其功能上的差别以及注意力对人类日常生活和工作的影响
29	瀑布声音错觉	参观者通过对不同场景下同一声音的判断，了解人类的认知是通过不同感官共同对外界信息进行综合辨析获取的
30	多种感觉记忆	参观者通过体验不同的测试游戏，测试视觉、听觉、触觉、记忆力
31	数字组块	参观者通过体验数字记忆游戏，了解短时记忆的方法

（续表）

序号	展项名称	展项简介
32	星星临摹	参观者通过看着镜子临摹三角形或星星的游戏，了解程序记忆的相关知识
33	语言习得	参观者通过复述不同的外语，了解自己的语言习得能力及个体语言习得能力的差异性
34	中脑——连接	展示中脑模型及神经纤维连接，让参观者了解人类高级认知功能由多个脑区共同完成，脑区间通过不同的连接传递信息
35	堆叠游戏	设置初、高级汉诺塔游戏，让参观者体验如何解决问题，锻炼逻辑推理能力
36	心理旋转	参观者通过参与判断图像旋转方向的游戏，测试自身形象思维能力

2 展项设计与科学教育

2.1 “实验与发现”展馆

“实验与发现”展馆按不同学科领域设置了6个展区，分别是“科学发现广场”“运动学实验室”“力学实验室”“电磁学实验室”“光学实验室”“生命科学实验室”，让参观者在科学发现的氛围中，动手参与、实践各种有趣的经典物理现象，了解物理科学规律，并了解科学家发现规律所采用的科学思想与方法。

“科学发现广场”展区以高达10米的极具震撼力的傅科摆作为中心展项，伽利略等科学家的标志性实验装置环绕周围。参观者头顶上是由4座投影仪组成的时间连线，展示了历史上的各种科学发现。本展区以最巧妙的实验构思和最简单的实验装置，展现最基本的科学概念和科学定律。

“运动学实验室”展区以运动学为主题，再现了伽利略等科学家的科学实验与观察、严谨逻辑推理以及应用数学工具研究总结的过程，呈现了精妙的科学思想与方法。参观者可以通过研究落体、斜面、单摆、天体运动等众多运动形式，了解其中的科学规律，进一步理解科学家的思想精髓。各种形式的摆能让参观者进一步探索摆的运动奥秘，激发其学习兴趣。

“力学实验室”展区主要展示牛顿三大定律、万有引力定律、能量守恒定律及动量守恒定律等经典力学定律，引领参观者在实验和探索中探寻运动背后的规律和真相，让参观者更好地理解牛顿等物理学家严谨的科学思想和方法。

“电磁学实验室”展区以电磁感应定律的发现为核心，通过互动体验和实验，展现电磁奇异的特性和奇妙的现象，让参观者了解法拉第、奥斯特、麦克斯韦等科学家的实验研究对人们认识电磁现象和统一电磁运动的重要贡献。

“光学实验室”展区以光的本质和特性为主线，展示光的基本特性（如反射、折射、色散等）以及光的波粒二象性（干涉、衍射、偏振、光电效应等），其通过各种不同形式的互动展品，让参观者探索光的本质和规律，尽情享受光影带来的视觉乐趣。

“生命科学实验室”展区展示了生命科学领域的相关知识，介绍了该领域内的著名科学家的重大成就和科学研究方法。基因剧场上演的《生命的旋律》，反映了人类探索生命遗传奥秘的历程。

2.1.1 适合小学阶段学习的展项资源

在通览全馆各展项的基础上，参照展项的设计意图，结合小学生的思维能力和认知水平，本书从“实验与发现”展馆筛选出17项适合小学阶段学习的展项。

按照一定的逻辑主线，本书将该展馆相关展项的科学含义（科学知识、科学原理、科学方法及蕴含的科学思想等）转化成科学学习的课程化资源，引导各年龄段的小学生进行互动体验和探究性学习。

表 2-1 “实验与发现”展馆小学教育资源检索表

序号	展项名称	知识点检索归类	教育目标	学习指导
01	傅科摆	D3	了解证明地球自转的方法	
02	埃拉托色尼测量地球周长	D4	了解用数学方法测量和推算地球周长的方法	
03	伽利略落体实验	A1、A13、A14	用实验的方法比较不同质量的物体的下落速度，并探究其同时落地的原因	
04	伽利略斜面实验	A1、A7、A13	让参观者了解物体自由落体运动是一种匀加速运动，通过实验了解伽利略的科学研究方法	
05	重温法拉第实验	A5、A6	了解电可生磁、磁可生电，认识电磁感应定律	
06	光岛	A3	初步了解光的基本特性	
07	太阳系	D5	了解“地心说”“日心说”及太阳系八大行星的相对位置和运行规律	
08	阿波罗实验	A1、A13、A14	了解自由落体运动的规律	
09	摆长最重要	A13	了解单摆的等时性和影响单摆摆动周期的因素	
10	牛顿摆	A1、A4、A7	初步了解能量守恒定律和动量守恒定律	
11	电磁舞台	A5、A6	了解静电、静电力、静电场和电磁屏蔽等电磁现象	

（续表）

序号	展项名称	知识点检索归类	教育目标	学习指导
12	人体导电	A5、A11、C3	通过人体连接电路，点亮灯带，了解人体之所以可以导电，是因为人体体液的主要成分是水和电解质	
13	滑轮	A13、B2	了解定滑轮、动滑轮及滑轮组的工作原理	
14	锥体上滚	A1、A13	了解在重力场中，任何物体都有降低自身重心的趋势	
15	越转越快	A9	了解角动量守恒定律	
16	适者生存	C4、C5、C6	了解“物竞天择，适者生存”的主要含义	
17	遗传游戏	C3、C5	了解孟德尔豌豆实验、摩尔根果蝇实验和人类基因组计划	

备注：知识点检索归类可从附录1（P273）查找。

2.1.2 展项学习指导

展项名称 **傅科摆**

展项设计

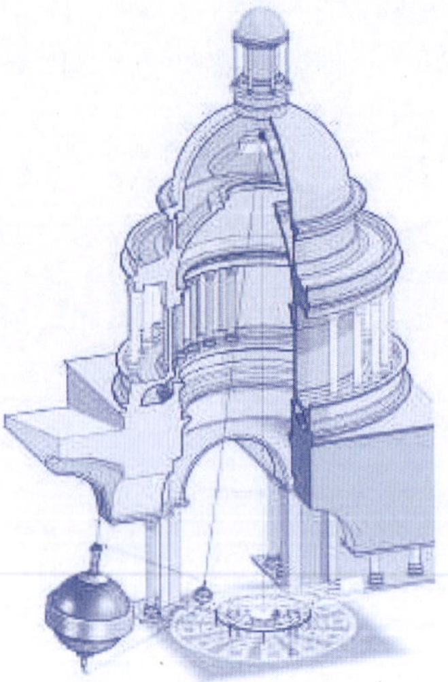

【展项背景】法国物理学家莱昂·傅科（Jean-Bernard-Léon Foucault，1819—1868）为了证明地球自转，于1851年在巴黎国葬院安装了一个单摆装置，摆的长度为67米，底部的摆锤是质量为28千克的铁球，在铁球的下方镶嵌了一枚细而长的尖针。当单摆摆动时，在没有受到除重力外其他外力的作用下，它将保持固定的摆动方向。如果地球在转动，那么单摆下方的地面将旋转，而悬在空中的摆具有保持原来摆动方向的趋势，对于观察者来说，单摆的摆动方向将会相对于地面发生改变。傅科的单摆实验验证了以上推断，从而证明了地球的自转。

【展示目的】本展项展示傅科摆，通过实验证明地球在自转。

【展项描述】本展项包括10米长的摆和台座两大部分，在台座上设置了与摆动位置对应的LED灯盘（起刻度的作用），可以反映摆平面“转动”的轨迹。

【原理与知识】悬挂的单摆受到自身重力和绳子拉力的作用。在没有外力干扰的情况下，当铁球来回摆动时，其摆动平面是固定的，但实际观察到的是摆动平面在缓缓转动，摆动方向也在不断变化。这是因为我们是以地球本身为参照系（非惯性参照系）来进行观察的，以此证明地球在自转。

【链接】了解单摆的更多知识，可以体验“摆长最重要”和“蛇形摆”展项。

操作指南

【学习方式】通过观察、体验的方式进行学习。

【现象描述】观察傅科摆，发现它的摆动平面沿顺时针方向缓缓转动。地面的塑料条依次被击倒。

【操作步骤】

（1）观看铁球的摆动，了解地面塑料条被击倒的范围。

（2）观察经过的时间与铁球转动角度之间的关系。

【注意事项】在铁球摆动时，请勿爬进围栏里，以免被铁球碰伤。

展项名称 埃拉托色尼测量地球周长

展项设计

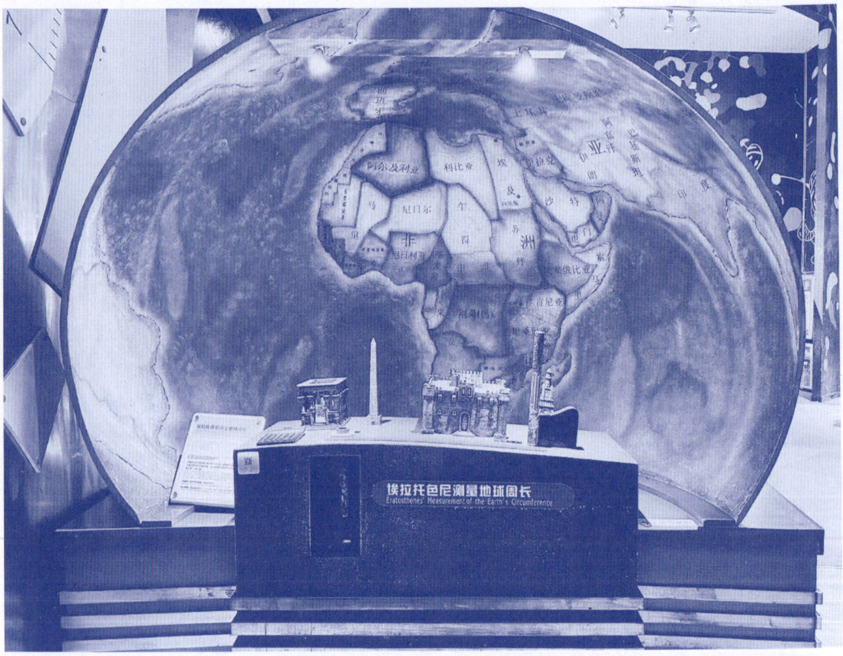

【展项背景】公元前3世纪某个夏至的正午，埃及古城阿斯旺的所有物体都没有影子。古希腊天文学家和地理学家埃拉托色尼（Eratosthenes，约公元前275年—前194年）发现了这一现象，突然灵机一动，想到了一种巧妙测量地球周长的方法：假设地球是圆球且阳光沿直线传播，在同一天同一时刻测得离阿斯旺800千米外的亚历山大城的日影角度约为7°，根据“两直线平行，内错角相等”的几何性质，推算出地球的周长约为40 000千米，这一结果与地球实际周长相差无几。

【展示目的】本展项展示推算地球周长的过程。

【展项描述】本展项装置是地球的部分模型，模型上有阿斯旺和亚历山大两座古埃及城市，其中阿斯旺有一个与地面垂直的深井，亚历山大有一个与地面垂直的铜柱。用平行光源代替太阳光照射阿斯旺、亚历山大。

【原理与知识】阳光是沿直线传播的平行光，地球是球体。根据“两直线平行，内错角相等”的几何性质，地面某地垂直建筑（铜柱）与光线的夹角，等于该地与阳光直射地（深井）之间弧长L所对应的圆心角θ，按照比例关系，得出地球周长的计算公式：$S=L\times(360°/\theta)$。

操作指南

【学习方式】通过观察、体验的方式进行学习。

【现象描述】观察球形展台，发现灯光直射阿斯旺，深井无阴影；而在亚历山大，灯光并非直射，铜柱产生阴影，且两座城市之间的角度约为7°。

【操作步骤】

（1）阅读图文板的操作说明，明确操作步骤。

（2）从投射到标尺处的阴影上读取两个城市之间对应的圆心角θ。

（3）观察在标尺上显示的两地的距离（弧长）L（用固定数值标尺）。

（4）根据计算公式，地球周长$S=L\times(360°/\theta)$。

【注意事项】请爱护展项物品，请勿攀爬展台。

展项名称 伽利略落体实验

展项设计

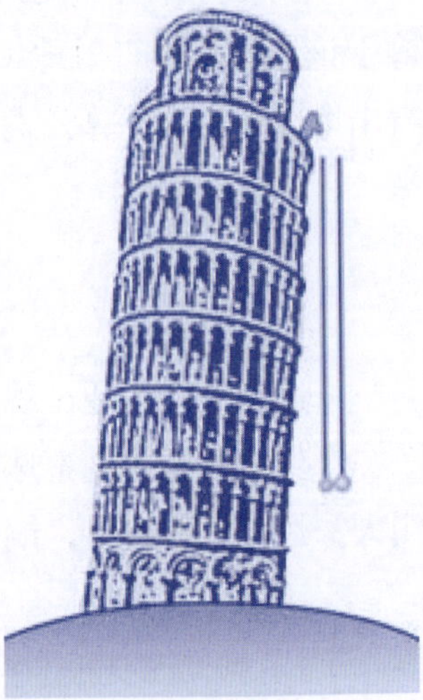

【展项背景】16世纪以前，人们普遍认为质量大的物体比质量小的物体下落得快，因为古希腊伟大的科学家亚里士多德是这么说的。著名的意大利科学家伽利略·伽利雷（Galileo Galilei，1564—1642）对这一观点提出了质疑。传说他从比萨斜塔上同时扔下两个形状相同而质量不同的物体，结果发现两个物体同时落地。他向世人展示了尊重科学而不畏权威的高贵品格。

【展示目的】展项通过重现当年伽利略落体实验，让参观者在观看和参与的过程中，了解用对比实验的方式进行科学研究的方法，鼓励参观者积极思考和提出质疑：重物一定比轻物先落地吗？轻物和重物合起来更重，落地速度会更快吗？轻物和重物一定同时落地吗？轻物可能比重物先落地吗？

【展项描述】本展项设有落体接落装置，落体推送、提升、限位装置和翻板门装置，其顶端设有释放装置。此外，还提供了4组不同材质和形状的物体：实心塑料小球、空心塑料小球、硬木小球和由轻质材料制成的旋翼状物体，参观者选择不同的物体，观察其下落情况。

【原理与知识】在真空中，任何物体的下落遵循自由落体运动规律，物体下落的速度与物体的质量无关。本展项没有排除空气因素，物体下落将会受到不同程度的空气阻力的影响。出于这个原因，实验过程中的不同质量、形状的物体的下落情况不同。不同的实验物体组合，结果也将是完全不同的。在可以忽略空气阻力的情况下，不同质量、形状的物体将同时落地。

【链接】了解更多关于自由落体运动的知识，可以体验“阿波罗实验”和“伽利略斜面实验”展项。

操作指南

【学习方式】通过观察、体验的方式进行学习。

【现象描述】选择实验物体，观察其下落情况，可以发现：有的物体受到的空气阻力可以忽略不计（如实心塑料小球及其组合或硬木小球），物体同时落地；有的物体受到明显的空气阻力（如空心塑料小球），空气阻力不能忽略，难以得出物体下落快慢的规律；有的物体（如旋翼状物体）除了受到明显的空气阻力以外，还由于旋转而将部分重力势能转化成了旋转动能，进一步减慢下落速度。

【操作步骤】

（1）按“下降”按钮，提升装置将吊篮下降至低位。

（2）从储藏柜里选取不同的下落物体，并将其放入吊篮内。

（3）按“提升”按钮，提升装置将下落物体提升至预定位置并自动释放物体。

（4）观察吊篮内物体的下落情况。

（5）思考实验现象，总结物体下落的规律。

【注意事项】请勿撞击玻璃板，切勿把头、手伸进橱窗内。

展项名称 伽利略斜面实验

展项设计

【展项背景】在伽利略所在的时代，由于技术不够先进，物体自由落体下落的时间太短，很难通过实验来验证物体下落的运动规律。伽利略采用了间接验证的方法，他让一个铜球从阻力很小的斜面上滚下，小球在斜面上运动的时间要比它竖直下落的时间长得多，可以看得更加清楚，方便记录和观察。

【展示目的】模拟伽利略斜面实验，让参观者了解铜球沿光滑斜面向下的运动是匀加速直线运动。

【展项描述】在一光滑的斜面上，铜球从斜面顶端向下滑，斜面两侧装有铃铛，铃铛间隔的距离可根据红色刻度或绿色刻度的指示设置。

【原理与知识】物体自由落体或在光滑斜面无阻力下滑时，是匀加速直线运动，斜面的倾角改变不会改变此规律。本展项中，铜球从初速度为0开始下滑，在相等的时间间隔内，所经过的位移比始终是1:3:5:7:…通过伽利略斜面落体实验，得知物体的位移与时间的平方成正比。这是伽利略首次采用数学与实验相结合的方式进行推理和归纳，开创了研究自然规律的科学研究方法，科学研究方法的进步极大地促进了自然科学的发展。

【链接】了解更多关于自由落体相关知识，可以体验“伽利略落体实验”和“阿波罗实验”展项。

操作指南

【学习方式】通过观察、操作的方式进行学习。

【现象描述】实验一，把铃铛移动到红色刻度处，铃铛间隔的距离相等，铜球在滑落的过程中撞击铃铛，铃铛会发出越来越快的铃声；实验二，把铃铛移动到绿色刻度处，当铃铛间隔的距离比是1:3:5:7:…时，铜球在滑落的过程中撞击铃铛，铃铛会发出均匀的铃声。

【操作步骤】

（1）阅读图文板的操作说明，明确操作步骤。

（2）移动铃铛到红色刻度位置等距排列，沿轨道释放铜球。

（3）移动铃铛到绿色刻度位置不等距排列，沿轨道释放铜球。

（4）观察并总结铜球撞击铃铛的时间间隔规律。

【注意事项】参观者请勿将铜球带走。

展项名称

重温法拉第实验

展项设计

【展项背景】迈克尔·法拉第（Michael Faraday，1791—1867），英国物理学家，一生致力于电磁学的研究。他发现了电磁感应现象，提出了电磁感应定律，发明了第一台电动机和发电机，提出了法拉第电解定律，提出了电场和磁场等重要概念，发现了抗磁性。他的巨著《电学实验研究》中有三千多个条目，详细记录了他做过的实验。

法拉第实验是人类探索自然历程中非常重要的里程碑。

【展示目的】重温法拉第的一系列重要实验，揭示电、磁的奥秘——电流可以产生磁场、变化的磁场可以产生电流；了解电磁感应定律。

【展项描述】本展项由直导线切割磁力线、磁铁在线圈中的运动、电磁旋转器、发电铜盘、法拉第线圈5个子展项组成。

【原理与知识】穿过闭合电路的磁通量发生变化，闭合电路就有电流产生。这种利用变化磁场产生电流的现象叫电磁感应，产生的电流叫感应电流。变化的磁场在周围空间产生电场。当导体处在此电场中时，导体中的自由电子在电场力的作用下做定向移动而产生电流，即感应电流。如果不是闭合回路，导体中自由电子做定向移动并在导线两端累积，从而产生电势差，即感应电动势。

【链接】了解更多关于电和磁的相关知识，可以体验“电磁舞台”展项。

操作指南

【学习方式】通过体验的方式进行学习。

【现象描述】

（1）直导线切割磁力线。

展台上设置了2条金属导轨，导轨之间放置磁铁，导轨、金属棒构成闭合回路。当沿着导轨分别滑动铜、铁、铝等金属棒时，金属棒切割磁力线，根据电磁感应定律，在导轨和金属棒组成的闭合回路中会产生感应电流。金属棒滑动的方向和速度，以及材料的电阻率，会影响感应电流的方向和大小。

（2）磁铁在线圈中的运动。

在本实验中，通过在显示器上显示磁力线分布，形象地展现了电磁感应过程中磁场的变化。移动磁铁，通过线圈的磁通量发生变化，根据电磁感应定律，在闭合线圈中会产生感应电流。

（3）电磁旋转器。

烧杯内盛有导电液体，固定电极为磁铁，悬挂电极分别为碳棒（左侧烧杯）和铜线（右侧烧杯），接通直流电源后，固定电极和悬挂电极通过导电液体连通，它们之间有电流通过。通电导线在磁场中受到安培力的作用，悬挂电极在安培力的作用下，开始绕磁铁旋转。根据左手定则可以判断其受安培力的方向。法拉第最早发现了“电磁旋转”现象。

（4）发电铜盘。

U形磁铁固定在左侧，磁铁中间设置了电刷。铜盘可看作若干条由中心指向边缘的铜棒组合而成，铜棒通过电刷和铜盘的中心线构成闭合回路。当铜盘旋转时，每根铜棒都在切割磁力线，根据电磁感应定律，闭合回路中产生了感应电流。法拉第所做的“发电铜盘”实验是人类历史上第一次发电实验。

（5）法拉第线圈。

在环形的铁圈上有2个互不相连的闭合线圈，右侧线圈（初级线圈）与手摇发电机连通，左侧线圈（次级线圈）与电流表连通。转动手轮，发电机开始发电，右侧线圈产生电流，根据电磁感应定律，在环形铁圈上会产生变化的磁场，这个变化的磁场作用于左侧线圈会产生感应电流。

【操作步骤】

（1）进行“直导线切割磁力线”操作。

捏住金属棒，使其沿导轨滑动，同时观察电压表的变化。

（2）进行“磁铁在线圈中的运动”实验操作。

移动磁铁，观察电流表变化，以及显示器上虚拟磁力线分布的对应变化。

（3）进行“电磁旋转器”操作。

按下“启动”按钮，观察2个烧杯中的悬挂电极在液体中的运动情况。

（4）进行“发电铜盘”操作。

转动手轮，使磁铁间的铜盘快速旋转，并观察电压表的变化。

（5）进行“法拉第线圈”操作。

正向转动手轮或者反向转动手轮，观察电流表的变化。

【注意事项】请爱护实验器材。

展项名称 光岛

展项设计

【展项背景】光学现象与人类的生产和日常生活密切相关。人类在研究光学现象和规律的同时，也开始了对光的本质的探究。到17世纪，人类对光的本质的认识逐渐形成了两种学说，分别为粒子说和波动说。直到阿尔伯特·爱因斯坦（Albert Einstein，1879—1955）提出了“光的波粒二象性”，人类对光的本质才有了更全面的认识。

【展示目的】参观者通过观察光路的变化、成像的变化以及色彩的变化，了解光学现象与规律。

【展项描述】展台中央放置一大功率的白光光源，光源光罩上有不同的出光孔，使白光向四面辐射。展台上有各式各样的光学元件，包括平面镜、凹透镜、凸透镜、三棱镜、滤光镜（红、绿、蓝）等。

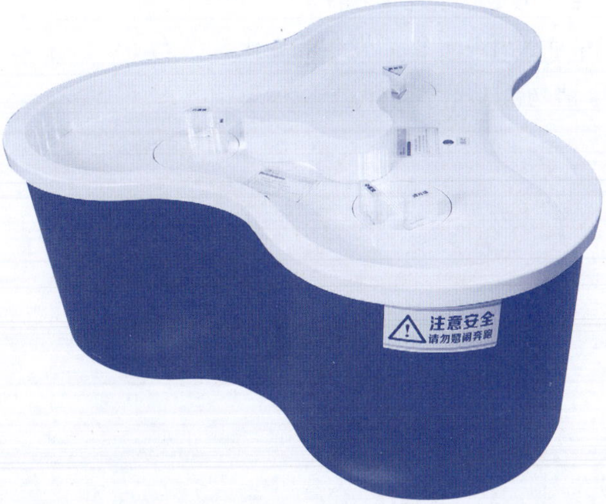

【原理与知识】光具有波粒二象性，即同时具有波的特点和粒子的特点。其基本粒子为光子，可以在真空、空气、水等介质中传播。同时光又是一种电磁波，光进入不同介质时会发生折射、反射等现象。折射率由光波的频率或其在真空中的波长决定，波长越小，折射率越大，偏折角度越大。平面镜对光线有反射作用，成像原理遵循反射定律。凹透镜对光线有发散作用，好像光线是从镜内侧某一点发射出来的。凸透镜对光线有会聚作用，把平行光束会聚于一点。三棱镜对白光有色散作用，由于棱镜玻璃对白光中不同颜色（频率）的色光的折射率不同，白光通过棱镜后，会形成一条彩色的光带。滤光镜是对色光具有吸收、反射和透过作用的有颜色的透明片，光是由许多不同颜色（频率）的色光所组合而成的，滤光镜允许与其本身颜色（频率）相同的色光通过，与其本身颜色（频率）不相同的色光则被反射或散射掉。

操作指南

【学习方式】通过观察、体验的方式进行学习。

【现象描述】转动转盘，使白光光源分别对准平面镜、凹透镜、凸透镜、三棱镜和滤光镜，可以分别观察到光的反射、发散、会聚、色散和滤色现象。

【操作步骤】

（1）转动转盘，选定一个光学元件。

（2）观察光束通过光学元件后发生的变化。

【注意事项】请勿带走光学元件。

展项名称 太阳系

展项设计

【展项背景】“地心说”和“日心说”是人类在认识宇宙的过程中先后形成的两种学说。“日心说”从尼古拉·哥白尼［Nicolaus Copernicus（拉丁语），1473—1543］提出到最终为世人所接受，经历了3个世纪的争论，是科学历史上具有划时代意义的根本变革。“日心说”深刻地揭示了天体运动的规律，是人类认识宇宙过程中的一次飞跃。

【展示目的】本展项主要展示了“日心说”和开普勒定律，不仅要让参观者了解“地心说”“日心说”及太阳系八大行星的相对位置和运行规律，还要让参观者了解“地心说”和“日心说”在争论过程中发生的感人故事，从而学习科学家们求真、求实、为真理献身的精神。

【展项描述】

本展项由“日心说”模型和“地心说”模型组成，可以让参观者了解两种学说的相关内容及区别。“日心说”模型是一种数控机械装置，“地心说”模型是我国古代的浑仪。

【原理与知识】太阳系位于银河系的边缘。太阳是太阳系的中心，虽然只是一颗中小型恒星，但它的质量占整个太阳系总质量的99.86%。太阳以其强大的引力将太阳系中其他的天体紧紧地控制在周围，使它们井然有序地围绕自身旋转。

同时，太阳又带着太阳系的全体成员围绕银河系的中心运动。2006年8月召开的第26届国际天文学联合会通过决议，将冥王星从行星降级成矮行星，九大行星变为八大行星，按照至太阳的距离，由近到远依次是：水星、金星、地球、火星、木星、土星、天王星和海王星。“地心说”认为地球处于宇宙的中心位置，并且静止不动，太阳和其他天体都围绕地球转动。“日心说”是哥白尼在《天体运行论》中提出的一种学说，它指出宇宙的中心是太阳，而不是地球，即包括地球在内的所有天体都围绕太阳转动。开普勒定律是行星在宇宙间绕太阳公转所遵循的定律，不仅准确描述了围绕太阳的行星的运动，也适用于围绕行星的卫星的运动。

操作指南

【学习方式】通过观察、体验的方式进行学习。

【现象描述】八大行星围绕太阳转动；输入日期，可观察到所输入日期那日的天象。

【操作步骤】

（1）按动按钮，使太阳系模型运转。

（2）注意观察行星的形状、大小、位置、运行的相对速度及轨道。

（3）输入某一特定日期，如输入“2049年12月10日”，观察“众星连珠”的特殊现象；输入自己的出生年月日，再观察那天的天象。

【注意事项】请勿跨越护栏，同时请爱护展品。

展项
名称

阿波罗实验

展项设计

【展项背景】1971年8月，美国阿波罗15号上的航天员在月球表面将一根羽毛和一把锤子从同一高度释放，结果羽毛和锤子同时落地，该实验过程对大众进行了直播，引起了巨大的轰动。这次实验也被人们称为“阿波罗实验”。

【展示目的】本展项模拟阿波罗15号上的航天员在登月时做的自由落体实验，目的是让参观者了解自由落体运动的相关知识。

【展项描述】本展项由6根玻璃管组成，2根被抽成真空，用来模拟月球上的环境，2根充满空气，还有2根分别装有油和水。

【原理与知识】自由落体运动是一种初速度为0的匀加速直线运动，物体下落的速度与其质量无关，下落的距离与时间的平方成正比。在同一地点，不同物体做自由落体运动时的加速度相同，这个加速度叫自由落体加速度，也叫重力加速度，重力加速度的方向总是竖直向下的，与重力方向相同。

【链接】了解更多关于自由落体运动的知识，可以体验“伽利略落体实验”和“伽利略斜面实验”展项。

操作指南

【学习方式】通过观察、体验的方式进行学习。

【现象描述】通过实验，参观者可以看到真空管中的铁片和羽毛同时落地，空气管中的铁片却先于羽毛着落，而分别装有油和水的2根管中2个相同小球下落的速度不同。

【操作步骤】

（1）按下“启动”按钮，圆盘开始转动180°，电磁铁通电，铁片和羽毛吸附在玻璃管内壁上。

（2）再按“释放”按钮，断开电源，让静止的铁片和羽毛下落，观察并比较羽毛和铁片下落的情况。

（3）再次按下“启动”按钮，转动圆盘，使圆盘反向转动180°，可重复进行实验。

（4）观看航天员在月球上进行的阿波罗实验的影片资料。

【注意事项】在操作和体验过程中请勿碰撞转盘上的有机玻璃板。

展项名称

摆长最重要

展项设计

【展项背景】意大利著名物理学家伽利略一次在教堂中偶然观察到摇摆不定的灯，于是，他回到家里就开始动手制作摆。他潜心研究了单摆的运动规律，制造出了能准确计时的仪器。后来，荷兰物理学家克里斯蒂安·惠更斯（Christiaan Huygens，1629—1695）根据大量的实验和演算得出了单摆周期公式：$T=2\pi\sqrt{L/g}$（其中，L为摆长，g为当地的重力加速度），根据摆的等时性，发明了挂摆时钟，人们称之为“伽利略钟”。

【展示目的】本展项展示了单摆的等时性和影响单摆摆动周期的因素。

【展项描述】本展项设置了4个单摆，其中2个摆的摆长相同但摆锤质量不同，另2个摆的摆锤质量相同但摆长不同。

【原理与知识】单摆由1根摆线和1个摆锤组成，在一定的摆幅内，摆动的周期由摆长和当地的重力加速度决定，而与摆锤的质量和振幅无关，这种现象被称为摆的等时性。

【链接】了解更多关于单摆的应用等知识，可以体验“傅科摆”和“蛇形摆”展项。

操作指南

【学习方式】通过观察、体验的方式进行学习。

【现象描述】参观者通过实验，发现摆长相同、摆锤质量不同的2个单摆的摆动频率相同，而摆长不同、摆锤质量相同的2个单摆的摆动频率不同。

【操作步骤】转动曲柄，使4个单摆同时摆动起来，观察并记录各摆的摆动周期，并进行比较。

【注意事项】在操作和体验过程中，请勿用力拉扯摆锤以免让摆动的摆锤碰撞身体；身高1.2米以下的儿童，需家长陪同，以防摆锤碰撞头部。

展项名称 牛顿摆

展项设计

【展项背景】牛顿摆是19世纪60年代发明的一个桌面演示装置：5个质量相同的球体由吊绳固定，彼此紧密排列。牛顿摆是由法国物理学家伊丹·马略特（Edme Mariotte，1620—1684）最早于1676年提出的。

【展示目的】本展项展示了2个守恒定律：动量守恒定律，一个封闭系统中，给定方向的动量是恒定的；能量守恒定律，一个封闭系统中，总能量是恒定的。

【展项描述】本展项由2组摆球组成，每组摆球分别由吊绳固定，彼此紧密排列。其中一组摆球为5个质量相同的钢球；另一组摆球也有5个球，中间1个为塑料球，其余4个为钢球。

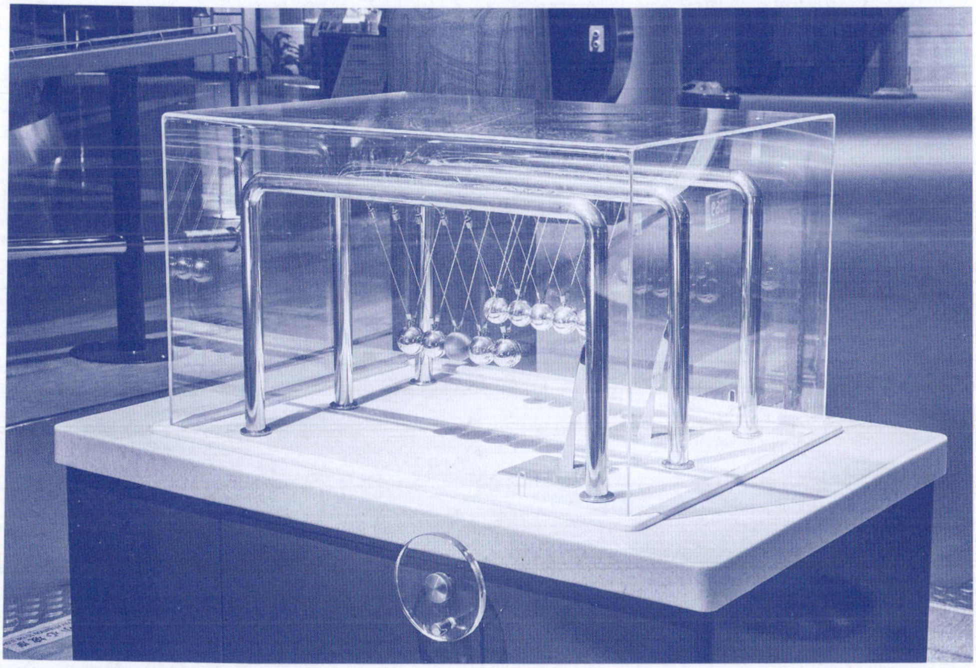

【原理与知识】牛顿摆又叫牛顿摆球、动量守恒摆球、碰碰球等。牛顿摆间的运动与碰撞可用来演示动量守恒和能量守恒的现象。在理想状态下，牛顿摆将会永远运动下去，但实际情况中牛顿摆的碰撞不是理想的完全弹性碰撞，因为空气摩擦、碰撞摩擦、钢球形变等，小球每一次弹开的距离都会减小，牛顿摆最终会停下来，最初的总动能最终会转换为其他形式的能量。同样的道理，塑料球间的碰撞也不是完全弹性碰撞，塑料球比钢球形变得更厉害，所消耗的动能更多，所以塑料球来回碰撞的次数会更少。

操作指南

【学习方式】通过观察、体验的方式进行学习。

【现象描述】钢球组中，拉动最外侧的钢球到一定高度撞击其他球，另一侧的钢球会被弹出，且弹出高度较大；对照组中，拉动最外侧的钢球到同样的高度撞击其他球，中间的塑料球会发生形变，另一侧的钢球弹出高度较小。

【操作步骤】

（1）阅读图文板的操作说明，明确操作步骤。

（2）将2组摆球最外侧的1个钢球都拉到相同高度后放下。

（3）观察2组摆球的摆动情况。

展项名称 电磁舞台

展项设计

【展示目的】本展项通过设置怒发冲冠和法拉第笼等展品，分别展示静电、静电力、静电场和静电屏蔽等电磁现象。

【展项描述】本展项以展示电磁现象（包括自然界的电磁现象）为主题，综合运用了可与现场互动的多媒体技术、高频高压放电技术，配以变幻的舞台灯光与音响，生动地再现了著名科学先驱本杰明·富兰克林（Benjamin Franklin，1706—1790）、法拉第、尼古拉·特斯拉（Nikola Tesla，1856—1943）等人的历史性经典实验与科学发现，并完美地呈现出一幅电磁科学发展的历史画卷。本展项包含怒发冲冠、特斯拉线圈放电、雅各布天梯、沿面放电和法拉第笼等子展项。

【原理与知识】

（1）怒发冲冠。

设置一个静电高压平台（20万伏），表演者站在绝缘台上，手握平台的杆，杆与平台具有相同的高压。由于头发具有微弱的导电性，杆上的一部分电荷经人体传到头发上，从而使头发带上同种电荷，产生静电斥力，便出现了“怒发冲冠”的奇妙景象。本展项演示了静电感应、静电斥力和静电荷释放等现象。

（2）特斯拉线圈放电。

通过设备将220伏电压升至100万伏，电压达到100万伏后会产生壮观的放电现象。参观者或工作人员穿上电磁屏蔽服，沿着梯子走上位于舞台中部的绝缘玻璃台，由于良好的电磁屏蔽和高频电流的趋肤效应，手指指向放电杆时会产生2米多长的电弧。穿上电磁屏蔽服的人体是安全的。

（3）雅各布天梯。

在舞台的左右两侧分别并排竖立两根特制的羊角状金属杆电极，当两极间电压升到2万伏时即产生电弧，电弧在上升气流和电磁力的作用下沿电极自下而上爬升，出现剧烈的尖端放电现象，形似古希腊神话故事中的雅各布沿着梦见的天梯取得“圣火”。3米长的羊角电极，象征着科学的火炬；电弧的逐级升高，象征着人类不断攀登科学高峰。

（4）沿面放电。

沿面放电是沿着固体介质表面的放电现象。在舞台的左侧悬挂一根2米长的玻璃管（作为绝缘介质），当加上10万伏的高压时，空气被击穿，产生壮观的沿面放电现象。

（5）法拉第笼。

“法拉第笼”可用于演示等电位、电磁屏蔽和高压带电作业原理。它由笼体、高压电源、显示器和控制部分组成，笼体与大地连通。当带有100万伏高压的放电杆尖端接近笼体时，产生放电火花，这时笼体内的表演者即使用手触摸笼内壁去接近放电火花也不会触电，相反还会体验到电子风的奇妙感觉。由于接地金属笼具有电磁屏蔽作用，笼内人员是安全的。

【链接】了解更多电和磁的知识，可以体验“重温法拉第实验”展项。

操作指南

【学习方式】通过观看、体验的方式进行学习。

【现象描述】本展项通过展示怒发冲冠、特斯拉线圈放电、雅各布天梯、沿面放电、法拉第笼等子展项，分别展示了静电、静电力、静电场和静电屏蔽等电磁现象。本展项通过丰富的故事情节，可爱的动漫形象（电娃与磁娃）的舞台表演，在现场主持人的巧妙安排下，生动地再现人类对电磁统一的认识历程。

【操作步骤】参观者观看表演并听主持人讲解，还可上台参与某些展项内容的互动表演，如怒发冲冠、法拉第笼等。

【注意事项】

（1）参观者在观看和体验过程中，请勿擅自上舞台。

（2）上台的参观者请务必听从主持人指挥，以免发生意外。

（3）场外参观者请勿触碰金属展品，与护栏需保持一定距离。

展项名称 人体导电

展项设计

【展示目的】参观者通过体验活动，了解人体是一种导体。

【展项描述】本展项设置了1个椭圆形的有灯带的面板，面板上有2个金属块。

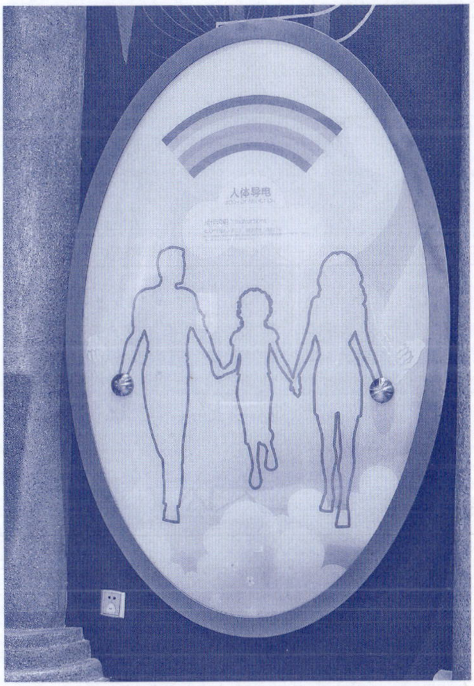

【原理与知识】

（1）人体内的液体被称为体液。体液中除含有大量的水以外，还含有大量的无机盐，它们多以离子的形式存在，同时体液还含有蛋白质等有机物，这些物质均被称为电解质。离子态电解质有钠、钾、钙等，这些离子和化合物在外电场（安全电压）的作用下，在体液内做定向移动，便形成了电流，人体就有了导电性，成为导体。

（2）安全电压是指不会使人直接致死或致残的电压，一般环境条件下允许持续接触的“安全特低电压”是36伏。行业规定安全电压为不高于36伏，持续接触安全电压为24伏，安全电流为10毫安。电击对人体的危害程度高低，主要取决于通过人体的电流强度的大小和触电时间的长短，通过人体的电流强度越大，危险越大；触电时间越长，死亡的可能性越大。能被人感觉到的最小电流被称为感知电流，交流感知电流为1毫安，直流感知电流为5毫安。在较短的时间内危及生命的电流被称为致命电流，约为50毫安，100毫安的电流通过人体1秒就足以使人死亡。

操作指南

【学习方式】通过观察、体验的方式进行学习。

【现象描述】当单人用双手或多人手拉手握住金属棒时，灯带被点亮。

【操作步骤】

（1）阅读图文板的操作说明，明确操作步骤。

（2）单人用双手或多人手拉手握住金属棒，点亮灯带。

【注意事项】参观者请勿敲击展品。

展项名称 滑轮

展项设计

【展项背景】滑轮是一种历史悠久的简单机械，在我国汉代和古希腊已经有相当广泛的应用，古人早就证明了滑轮的负载与施力的比等于承担负载的绳索段的数目。

【展示目的】参观者通过体验本展项，了解定滑轮、动滑轮以及滑轮组的工作原理。

【展项描述】本展项设置3组滑轮，分别连接着3组相同的重物，第1组为1个定滑轮，第2组为1个动滑轮，第3组为一个滑轮组（由3段绳子承担重物）。外面的拉绳处设置了不同长度的延伸台，上面有刻度，可供参观者观察拉动的距离。

【原理与知识】滑轮分为定滑轮和动滑轮，定滑轮能改变施力的方向，但不省力；动滑轮不能改变施力的方向，但能省力。动滑轮虽然省力，但费距离，省力但不省功。动滑轮由几段绳子承担，力是物体和动滑轮总重量的几分之一，拉动距离是物体升高高度的几倍。实际应用中常把一定数量的动滑轮和定滑轮组合成各种形式的滑轮组，可以达到既省力又改变力的作用方向的目的，也可通过绳子的不同绕法可以得到不同的使用效果。滑轮组既省力又能改变力的方向，但不存在既省力又省距离的滑轮组。

操作指南

【学习方式】通过观察、体验的方式进行学习。

【现象描述】第1组实验中，把重物拉起来，需要将手柄拉到展台的尽头，手柄拉动的距离与重物被提起的高度相等；第2组实验中，把重物拉到与第1组实验相同的高度，需要增加一倍的拉动距离，但省一半的力；第3组实验中，把重物拉到与第1组实验相同的高度，需要增加2倍的拉动距离，但省2/3的力。

【操作步骤】拉动手柄，提起重物，比较各组滑轮所需拉力的大小和拉动距离。

【注意事项】操作过程中，请勿用力过猛，拉动的距离以展台尽头为界限，要缓慢释放滑轮。

展项名称 锥体上滚

展项设计

【展示目的】通过实验，参观者能够了解重力场中任何物体都具有降低重心的运动趋势。

【展项描述】本展项装置由“八”字形导轨和双圆锥体组成。

【原理与知识】在地球引力的作用下，物体有降低重心趋向稳定的物理规律，所以“物体往下滚，水往低处流”是人们习惯的认知，而本展项通过锥体与导轨的巧妙组合，产生了与认知相反的现象：双圆锥体自动地由导轨低端处向高端处滚动。实际上，“八”字形导轨的低端处，2根导轨相距最近，停于此处的双圆锥体重心最高，重力势能最大；“八”字形导轨的高端处，2根导轨相距最远，停于此处的双圆锥体重心最低，重力势能最小。因此，从导轨低端处释放双圆锥体，双圆锥体就会沿导轨从低端滚向高端，其间双圆锥体的重心是逐渐降低的，重力势能逐渐减小并转化成双圆锥体滚动时的动能。物体“上滚”的过程实际是重心自然降低的过程，这并不违背物理规律。

操作指南

【学习方式】通过观察、体验的方式进行学习。

【现象描述】将双圆锥体置于导轨的高端处，双圆锥体不会滚动；将双圆锥体置于导轨的低端处，松手后双圆锥体向导轨的高端处滚动。

【操作步骤】

（1）阅读图文板的操作说明，明确操作步骤。

（2）将双圆锥体放在导轨的低端处，观察它的运动。

展项名称

越转越快

展项设计

【展项背景】在直线运动中，我们通过物体的质量来衡量物体的惯性；而在旋转系统中，我们通过转动惯量来衡量转动物体的惯性。转动惯量取决于物体的形状、质量分布以及转轴的位置。生活中有许多应用角动量守恒的例子，如旋转着的陀螺不会倒下、花样滑冰中运动员控制旋转速度的方法等。

【展示目的】本展项通过展示角动量守恒的现象，让参观者了解角动量守恒定律。

【展项描述】本展项设置1个转台，转台上固定1个座椅、1个可转动的手轮和穿有2个滑块的横杆。

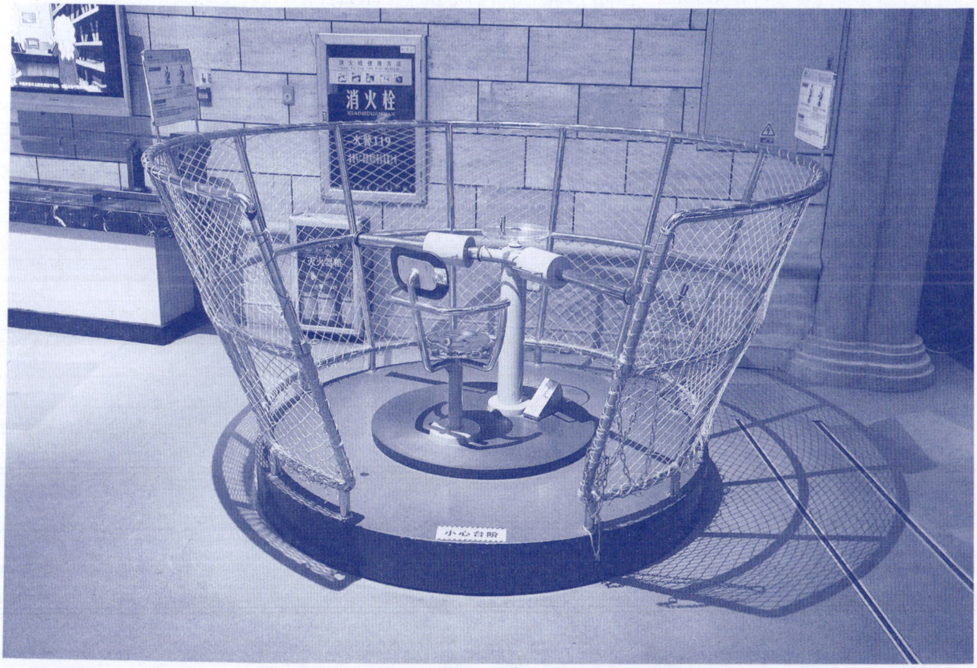

【原理与知识】根据角动量守恒定律，在不受外力矩作用或所受合外力矩为0时，系统的总角动量不变。系统的角动量与其转动惯量和角速度存在一定关系，即角动量等于转动惯量与角速度的乘积。在滑块向中心滑动的过程中，转动惯量越来越小，为了保持角动量不变，角速度越来越大，即转动速度越来越快；反之，当滑块向外滑动时，转动惯量增大，角速度减小，转动速度越来越慢。

操作指南

【学习方式】通过观察、体验的方式进行学习。

【现象描述】转台（包括参观者）总质量不变，当2个滑块向外滑动时，转台的质量分布离转轴中心越远，它的转动惯量越大，角速度越小，因此越转越慢；反之，当2个滑块向中心滑动时，转台的质量分布离转轴中心越近，它的转动惯量越小，角速度越大，因此会越转越快。

【操作步骤】

（1）坐上座椅，转动手轮带动转台转动。

（2）转台转动达到一定速度时，向内或向外移动滑块，体验转台转速的变化。

【注意事项】在操作过程中，请勿过快转动手轮，以免头晕。

展项名称 适者生存

展项设计

【展项背景】1864年，英国哲学家赫伯特·斯宾塞（Herbert Spencer，1820—1903）提出了“适者生存”的名言。查尔斯·罗伯特·达尔文（Charles Robert Darwin，1809—1882）在生物进化论中提出，生物在生存斗争中，具有有利变异的个体，容易在生存斗争中获胜而生存下去；反之，具有不利变异的个体，则容易在生存斗争中失败而死亡。

在几亿年前，地球被恐龙主宰着，为什么现在恐龙都灭绝了呢？人类生活在地球上，会不会像恐龙一样突然消失呢？

【展示目的】本展项让参观者用电脑终端创造出一种虚拟的生物体，并将这种生物体放入游戏的“虚拟环境”中，观察和体验“物竞天择，适者生存”的竞争淘汰过程。

【展项描述】本展项以联机游戏的形式展现“适者生存”现象并解释其原理，采用多媒体技术使得参观者可以更深刻地体验适者生存、不适者被淘汰的过程，并设置四人对抗的模式，增强趣味性。

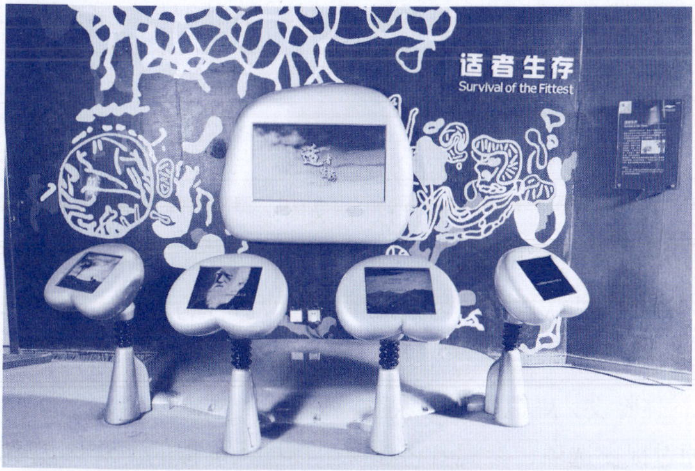

【原理与知识】“物竞天择，适者生存”是指物种之间及生物内部之间相互竞争，物种与自然之间的抗争，能适应自然的物种被选择存留下来的一种自然法则。其主要含义是：物种的形成及其形成适应性和多样性的主要原因在于自然选择（其要素是变异、遗传和生存竞争）。生物为适应自然环境和彼此竞争而不断发生变异，其中适于生存的变异通过遗传而逐代加强，不适于生存的变异则被淘汰。就是说，凡是生存下来的生物都是适应环境的，而被淘汰的生物都是对环境不适应的，这就是适者生存。达尔文把在生存斗争中适者生存、不适者被淘汰的过程叫作自然选择。生存斗争不断进行，因此自然选择也是在不断进行，通过生存环境的长期选择，物种定向地朝着一个方向逐渐进化，当进化到与原物种的差异达到一定程度后，新的物种就形成了。由于生物所在的环境是多种多样的，生物适应环境的方式也是多种多样的，通过自然选择也就形成了生物多样性。

操作指南

【学习方式】通过体验的方式进行学习。

【现象描述】游戏设定各种虚拟生物及其生存环境，虚拟生物是一种憨态可掬的四足、食肉的卡通动物，其生存环境由冰块和海洋组成，气候条件恶劣多变、危机四伏。参观者可通过选择自己认为能够适应该虚拟环境的生物性状来设计各自的虚拟生物；虚拟生物投入虚拟环境中后，游戏系统将分析不同虚拟生物在多种环境条件下的适应能力并形象地给出其生存状况与结果：适应的种群数目按一定比例增长，而不适应的种群数目则相应减少。

【操作步骤】

（1）4名参观者分别通过触动终端鼠标来参与游戏，观看环境演示动画和提示的字幕，了解游戏中虚拟环境的特性。如果参与游戏的参观者不足4位，电脑会自动创建角色并进入游戏环节。

（2）进行生物性状选择，为虚拟生物选取适合的性状（以“穿衣服游戏”的形式，将所选生物性状用鼠标拖入虚拟生物外形框，虚拟生物的外形即发生相应的变化），体验设计虚拟生物的乐趣。

（3）通过提交选项，参观者将虚拟生物投入虚拟的游戏环境中，随后各终端显示每种虚拟生物具体的生活状况，并动态地显示此种生物的数目变化；在大屏幕上调取播放每个场景中的精彩镜头和过关时各种虚拟生物的状况。

（4）进入游戏结尾动画部分，参观者在详细生动的解释中，明白生物在不同的游戏环境下被淘汰与否的决定因素，以及游戏所包含的“适者生存”的原理在自然界中的具体表现形式。

展项名称 遗传游戏

展项设计

【展项背景】遗传学是当今生命科学中的前沿学科，是选择和培育动植物新品种、研究防治遗传性疾病和开展生物遗传工程的理论基础。1865年，奥地利帝国生物学家格雷戈尔·约翰·孟德尔（Gregor Johann Mendel，1822—1884）揭示了生物遗传定律，该定律于1900年被其他科学家重新通过科学实验证实。如今，遗传学的发展日新月异，遗传、变异机制的研究已从个体水平、细胞水平深入分子水平，或从宏观层面研究群体遗传规律。

【展示目的】本展项主要介绍孟德尔豌豆实验，托马斯·亨特·摩尔根（Thomas Hunt Morgan，1866—1945）果蝇实验和人类基因组计划，让参观者从中分别了解孟德尔和摩尔根如何用科学的思维方法发现基因的分离定律和自由组合定律，以及伴性遗传和连锁互换现象。

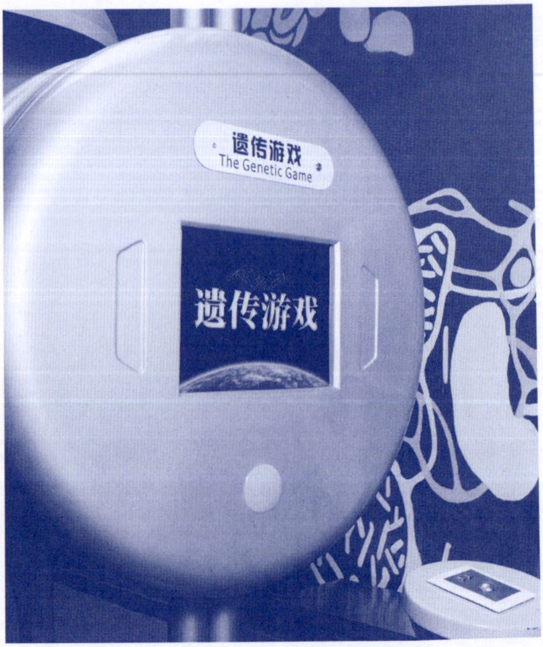

【展项描述】本展项以多媒体循环播放短片以及互动体验游戏的形式向参观者展示遗传学的相关内容。

【原理与知识】19世纪末，科学家们在人体细胞的细胞核内发现了一种形态、数目、大小恒定的物质。这种物质甚至用最精密的显微镜也无法直接观察到，只有在细胞分裂时，通过某种特定的染色法，才能使它显形，因此取名为“染色体”。染色体通过它所携带的遗传因子（基因）实现遗传信息的保存与传递。基因是贮藏遗传信息的地方，一个基因往往携带着祖辈的一种或几种遗传信息，同时又决定着后代的一种或几种性状。基因是一种比染色体小许多的微小的物质，即使在光学显微镜下也不可能看到，它们按顺序排列在染色体上，由染色体将它们带入人体细胞，每条染色体都是由上千个基因组成的，人类基因组计划将查明人类全部基因的排列规律。

操作指南

【学习方式】通过体验的方式进行学习。

【现象描述】以角色扮演的多媒体游戏形式，介绍孟德尔豌豆实验、摩尔根果蝇实验和人类基因组计划，展示遗传学发展史上的3个重要阶段。

【操作步骤】

（1）触动鼠标后，参观者在主菜单中选择感兴趣的实验（孟德尔豌豆实验、摩尔根果蝇实验或人类基因组计划）后，进入游戏体验。

（2）游戏过程中，参观者可以跟“科学家”直接对话，还可以根据个人兴趣跳过或者重复某一个动画、场景或实验操作。

（3）互动小游戏部分，参观者可以通过点击鼠标或拖动所选内容到相应的选项框中去完成游戏，随后电脑会给出正确的答案，并加以简单的说明。

（4）在一个实验结尾部分，参观者可以点击“了解更多”来获得更加详细的知识，或者直接进入下一个实验，或者返回主菜单，结束游戏。

【注意事项】操作结束后需退出游戏程序，回到主界面，以便下一位参观者操作。

2.2 “儿童天地”展馆

“儿童天地”展馆划分为4个展区，分别是“我的家与居住小区”“我的城市”“我的世界”和“我的工作室”，这些展区通过“动手做”科学探究系列展品，对儿童进行科学探索的启蒙教育，让他们亲历科学探索与发明的过程，从而发挥其想象力，锻炼其动手能力，培养其探索与创新精神。

“我的家与居住小区”展区设置超市、社交小区、人体翻斗乐等主题场景，让儿童从日常生活开始，在游戏和动手操作中感受身边事物，体验生活中的科学，理解并初步形成科学的生活行为和习惯。

“我的城市”展区设置戏水天地、建筑工地、交通学校等主题场景，通过模拟体验，儿童可以接触城市的交通、建筑、消防、水力利用等领域，探索其中的科学技术，感受科技进步如何推动社会文明的发展，增强儿童自身的安全、节能和环保意识。

“我的世界”展区以探索自然界的奥秘为主题，通过一些与地球、动植物、矿物等自然主题有关的互动展项，引发儿童的好奇心和观察身边事物的兴趣，激发他们探索自然界的热情，同时培养他们保护生态环境的意识。

“我的工作室”展区提供培养想象力、探索精神和展示自我的交互式学习环境，让儿童在“动手做”中体验科学工作者探索研究的过程，拓展其思维空间，进行科学启蒙教育。

2.2.1 适合小学阶段学习的展项资源

在通览全馆各展项的基础上，参照展项的设计意图，结合小学生的思维能力和认知水平，本书从“儿童天地”展馆筛选出23项适合小学阶段学习的展项。

按照一定的逻辑主线，本书将该展馆相关展项的科学含义（科学知识、科学原理、科学方法及蕴含的科学思想等）转化成科学学习的课程化资源，引导各年龄段的小学生进行互动体验和探究性学习。

表2-2 “儿童天地”展馆小学教育资源检索表

序号	展项名称	知识点检索归类	教育目标	学习指导
01	人体翻斗乐	C2、C3	了解人体的消化系统以及心脏、肺、眼睛、大脑等器官的结构和功能	
02	超市	A8、A11	了解超市的购物付款模式和均衡饮食的知识	
03	传声筒	A2、A12	了解声音可在管道中传播	
04	动物的伪装与盔甲	C2、C4、C6	让儿童了解动物的伪装、拟态和保护色，从而知道动物保护自己的方式和方法	
05	蜂窝	A11、C2	了解蜜蜂的分工、生活习性及蜂窝的结构	
06	蝴蝶的一生	C2、C4	通过图示及拼图了解蝴蝶，通过视频了解青蛙、蜻蜓、蚊子、娃娃鱼等变态动物的生长过程	
07	食物墙	C1、C4	懂得荔枝、橘子、油菜等农作物在我国的主要种植地及各阶段的生长形态	
08	人与动物的心跳	C2、C3	通过听不同动物以及人类的心跳声，了解人与动物心跳的差异	
09	交通学校	B3、B4	学习交通安全知识和交通规则	
10	伯努利水球	A12、A13、A14	让儿童在互动中了解流体中滚动旋转的球不容易掉落主要是基于伯努利原理，锻炼儿童的思维能力	
11	不平衡桶	A1、A14	了解不平衡桶时而翻倒、时而直立现象背后的原理	

（续表）

序号	展项名称	知识点检索归类	教育目标	学习指导
12	水轮音乐琴	A1、A13	了解音乐琴如何被奏响	
13	漩涡	A9、A12	展示漩涡向中心抽吸的现象	
14	物料传送	A11、A13	让儿童在体验中了解工地上的物料运输设备及其功能，同时锻炼动手能力	
15	滑轮吊桶	A14	使用滑轮组在不同楼层间运送砖块等物料，让儿童了解滑轮的作用和特点，锻炼动手能力	
16	拉索桥、拱桥	A14、B4	儿童通过亲自搭建简易结构的桥梁，了解桥梁的结构及受力特点，锻炼动手能力	
17	发明的启示——鲁班与锯	B2	知道鲁班是根据草叶边缘有锯齿的特点发明了锯，通过对发明家发明启示的直观感受，激发儿童的创造热情	
18	拼齿轮	A9、B2	知道齿轮能传递动力，相邻齿轮的运动方向相反，认识简单的机械传动方式	
19	接电路	A10、A11、A5	了解导体能够导电，在一般情况下绝缘体不能导电；要形成电流，必须让电路形成回路	
20	接气缸	A14、A12	了解机械传动装置、气动装置及发声装置的结构、功能和原理	
21	磁力转盘	A6、A9	知道磁铁在磁力的相互作用下能传递动力	
22	发明的启示——魔术贴	B1、B2	观察魔术贴的结构，了解它惊人的粘合效果及发明魔术贴的小故事，培养儿童从生活的方方面面去发明创造的思维	
23	做动画	A9、B2、C3	了解动画的原理，体验制作动画的乐趣	

备注：知识点检索归类可从附录1（P273）查找。

2.2.2 展项学习指导

展项名称 **人体翻斗乐**

展项设计

【展项背景】儿童认识事物是由近及远，从触手可及的感觉开始向外延伸的。本展项以模型场景为主要手法，在游戏中介绍人体的主要器官及其功能，让儿童了解这些器官是如何工作的和我们应怎样保护器官，并引导儿童养成良好的生活习惯。

【展示目的】本展项是模拟人体结构而设计的翻斗乐，儿童可以通过在口腔、脊椎、气管、肺、食道、胃、大脑、心脏、小肠、大肠等器官模型里玩耍来认识人体器官的结构和功能。

【展项描述】展项内部有4层，眼睛、大脑、口腔、胃、肺、小肠、大肠等模拟器官按人体真实结构分布于各层。展项有2个入口，分别是果汁盒的吸管和卡通人物敞开的衬衫。儿童可以通过任意入口进入这个“巨型人体”，开启奇妙的人体漫游之旅。

【原理与知识】

（1）皮肤由表皮和真皮构成。

（2）咽喉具有以下特点：呼吸时，会厌抬起，让空气进入气管；吞咽食物时，会厌放下，让食物进入食道，避免掉入气管。

（3）胃能分泌胃酸，是消化食物的主要场所。

（4）小肠是吸收养分的器官。

（5）扁桃体具有抵御病毒的功能。

（6）脊椎能够支撑起人体。

（7）眼睛的结构与照相机类似，视网膜相当于光屏，外界物体在眼球的视网膜上所成的像是倒立、缩小的实像。

操作指南

【学习方式】通过观察、体验的方式进行学习。

【现象描述与操作步骤】

（1）在果汁盒内有垂直攀爬梯，通过梯子进入吸管到达“口腔”区。在“口腔”里，儿童可以在“牙齿”和“舌头”（由软气垫制作）上玩耍。

（2）“眼睛”模型模拟了眼睛结构，儿童可以通过观察窗观察“瞳孔”的内部结构。

（3）在“头骨”下的“大脑皮层”有爬行活动区，利用镶嵌在各相应区域的图案介绍大脑的功能。触摸“大脑”表面手印，系统就会发出声音对应该区域的“大脑”功能说明。

（4）在第4层的通道上有一条大滑梯，儿童可以从这里滑到底部的着陆垫上。

（5）在“心脏”区，儿童可以通过爬行畅游“心脏”。在“心脏”内部，有灯光模仿血液的流动，并且有模拟心脏跳动的声音。顶部是“动脉”的出口，有相应的攀爬结构。

（6）在“胃”区有一个可以攀爬的屋子，底部是一个装满小球的游乐池。

（7）在“肺”区，儿童可以进入“肺”内，通过透明窗观察“肺”内的呼啦球。在“小肠”内是充满拳击袋的迷宫，儿童可进入迷宫中玩耍，并可通过观看迷宫里面的图文知识介绍，进一步了解小肠的结构和功能。

（8）底层是一层软垫，设有直通各层的梯子和攀爬墙。

【注意事项】

（1）在操作和体验过程中要注意安全，请勿在场内追逐打闹、堵塞滑梯出口等；

（2）建议进入“人体翻斗乐”体验前先上洗手间。

展项名称 超市

展项设计

【展项背景】均衡饮食是一种健康的生活方式，如何选购一顿营养均衡的午餐食物对于儿童健康成长来说非常重要。

【展示目的】通过在超市中选购食物，儿童了解各种食物的营养成分，学习如何科学地搭配食物，养成不挑食、不偏食的科学健康的饮食习惯，并锻炼儿童的算术能力及沟通能力。

【展项描述】该展项由水果和蔬菜货架、罐装食物货架、奶制品货架、肉类和烘烤食品货架、各种商品仿真模型、购物篮、计价台、付款台、就餐台构成。

【原理与知识】

（1）奶类除含丰富的优质蛋白质和维生素外，钙含量也较高。奶制品能增强人体免疫功能并延缓大脑功能衰退。

（2）豆类含丰富的优质蛋白质、脂肪、矿物质、B族维生素（如烟酸）等。大豆含有人体必需脂肪酸——亚油酸，其含量是任何其他油脂所不能比拟的。

（3）蛋类除含丰富的优质蛋白质、维生素外，还含较多的钙、铁、铜、锌等人体必需元素，蛋黄中的卵磷脂还有补脑、增强记忆力的作用。

在每天的膳食中一定注意奶、豆、蛋类食物的摄入。“中国居民平衡膳食宝塔（2022）”建议每人每天摄入奶及奶制品300～500克、大豆及坚果类25～35克、1个鸡蛋（约50克）。

（4）蔬菜主要提供维生素C、膳食纤维、矿物质和胡萝卜素。维生素C是维持生命正常代谢不可缺少的营养素。而可溶性膳食纤维、果胶、有机酸和芳香物质等，能刺激胃肠蠕动和消化液分泌，增强食欲，帮助消化和排泄。蔬菜是人们健康生活中不可少的。“中国居民平衡膳食宝塔（2022）”建议每人每天应该摄入蔬菜300～500克。

（5）肉类食物提供人体所需要的优质蛋白质、脂肪、无机盐和脂溶性维生素等，尤其动物的内脏（如肝脏）富含微量元素。肉类食物对于儿童的生长发育十分重要。在肉类蛋白质的氨基酸中，赖氨酸较高，因此宜与含赖氨酸少的谷类食物搭配食用。但肉类中的脂肪以饱和脂肪为主，过多地摄入饱和脂肪对人体有害。因此肉类食物的摄入应适量，不可过多。“中国居民平衡膳食宝塔（2022）”建议每人每天需摄入肉类50～75克，鱼虾类50～100克。

（6）油脂主要提供能量，植物油还可以提供维生素E和必需脂肪酸，但油脂摄入过多，会造成能量过剩、体重超标、缺钙，引发心脑血管疾病，因此油脂类食物不宜多吃。“中国居民平衡膳食宝塔（2022）”建议每人每天需摄入油脂25～30克。

（7）谷类食物包括米、面、杂粮等，主要提供碳水化合物、蛋白质、膳食纤维和B族维生素。谷物富含碳水化合物，能提供人体进行生命活动必需的能量。谷类食物是人们赖以生存的支柱，应该是日常膳食中的主食，“中国居民平衡膳食宝塔（2022）”建议每人每天需摄入谷类食物200～300克。

（8）水果主要提供维生素C、膳食纤维、矿物质和胡萝卜素。水果是人们健康生活中必不可少的，“中国居民平衡膳食宝塔（2022）”建议每人每天应该摄入水果200~350克。

操作指南

【学习方式】通过互动体验的方式进行学习。

【现象描述】儿童在超市中选购食物，通过购物、付款、就餐等一系列操作，学习如何科学地搭配食物，并提高儿童的算术能力及沟通能力。

【操作步骤】

（1）进入超市以后，儿童先领取购物篮和RFID手环，然后在各货架选购食物（每次只能选购10件以内的食物）。

（2）选购好食物后到计价台扫描手环，再使用条码机扫描选购的食物，并获取条码纸。

（3）在付款台，儿童将条码纸放到付款机的扫描口扫描，电脑显示屏就会出现所挑选食物的卡通图片、数量和总计金额。儿童移动对应数字按钮进行付款。

（4）在就餐台，儿童把手环放到扫描口扫描，启动多媒体动画，电脑会告诉儿童当前的选择搭配是否合理；随后儿童可点击食物的图案，动画将介绍所选食物的营养成分，点击屏幕的“所缺食物介绍”图标，可以了解到所缺食物的营养成分的知识。

【注意事项】

（1）请勿撕标签。

（2）请勿妨碍滑块复位。

（3）请勿乱扔展品，使用完的手环请交还给工作人员。

展项名称 传声筒

展项设计

【展示目的】本展项设置电话的雏形——传声筒，让儿童感受声音在管道中的传播，认识声音可通过空气、金属等物质进行传播。

【展项描述】传声筒的两端连有漏斗形的传话筒，供儿童对话。

【原理与知识】声音是由物体振动产生的，声音需要通过介质（气体、液体或固体）进行传播，我们日常交谈通过空气传播。声音在传播过程中，遇到障碍物时会产生反射和吸收现象。坚硬、光滑的物体表面对声音有明显的反射作用；柔软、粗糙、多孔的物体表面则能吸收声音。管道可以传播声音是因为管道里有

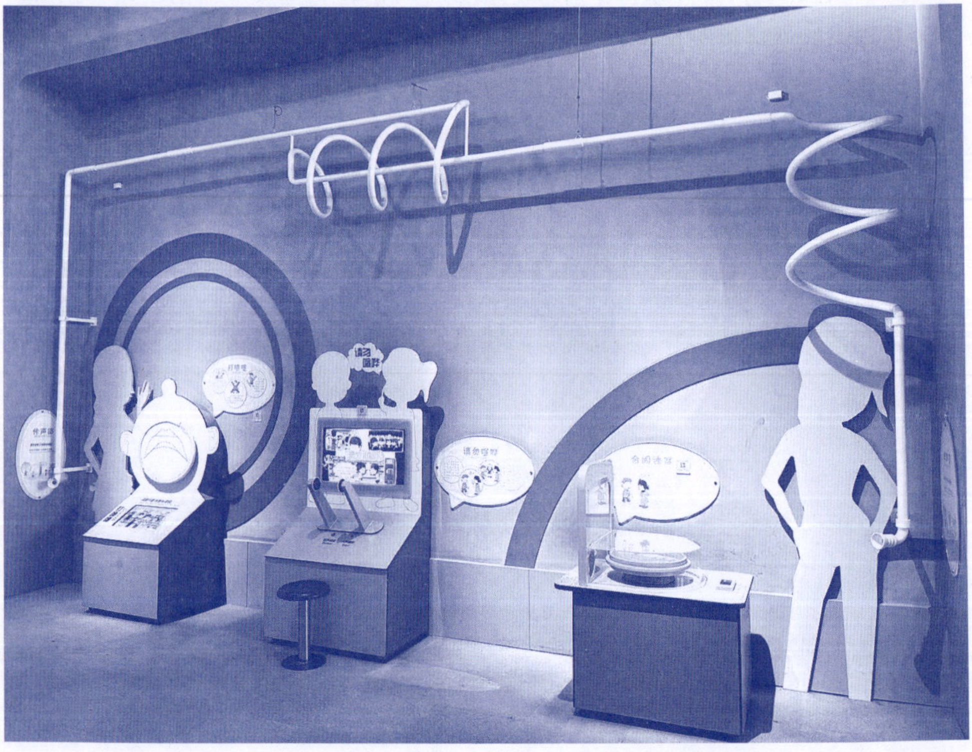

空气。声音的传播速度与介质的密度成正比，声音在固体中的传播速度最快，再依次是液体和气体。声音不能在真空中传播。

操作指南

【学习方式】通过体验的方式进行学习。

【现象描述】通过管道，儿童可在嘈杂的环境中说悄悄话，感受声音在管道中的传播。

【操作步骤】

（1）一位儿童在传声筒的一端对着传声筒说话。

（2）另一位儿童可在传声筒的另一端听到对方传过来的声音。

【注意事项】请勿将小物品放入管道而堵塞传声筒。

展项名称 动物的伪装与盔甲

展项设计

【展示目的】通过互动游戏，儿童了解动物的伪装、拟态和保护色，从而知道动物保护自己的方式和方法。

【展项描述】本展项分为两部分，即天然的动物标本和动物保护色拼块游戏。天然的动物标本有乌龟标本和刺猬标本。动物保护色拼块游戏：在展台上设有一个正方形的凹槽，凹槽内有9块拼块和1个长方形空格，每块拼块上印有动物拟态和保护色的局部图（每套拼块游戏设有3种动物）。

【原理与知识】有些动物皮毛的花纹或色彩与其生活的环境非常接近，动物借此来保护或隐藏自己。有些动物不仅能模仿其他动植物的颜色，还能模仿它们的姿态。有些动物天生披着盔甲，其主要作用也是为了保护自己。

操作指南

【学习方式】通过观察、操作等方式进行学习。

【现象描述】儿童在凹槽内来回移动各拼块，可拼出一幅完整的动物图案，并通过观察天然的动物标本，认识这些动物是怎样利用拟态和保护色来保护自己的。

【操作步骤】

（1）观察有机玻璃橱窗内天然有盔甲动物的标本。

（2）用展台上的拼块拼装完整的动物图案。

【注意事项】

（1）请勿用重物敲击展品。

（2）请勿将拼块带走。

展项名称 蜂窝

展项设计

【展项背景】蜜蜂是地球上最常见的昆虫之一，各种蜜蜂都是社会性生活的群体。

【展示目的】认识蜜蜂的生活习性和蜂窝的结构特点。

【展项描述】介绍蜜蜂的生活习性，展示蜂窝的结构。

【原理与知识】

（1）蜜蜂是群居的动物。蜂王、雄蜂和工蜂有亲密合作也有明确分工。蜂王负责产卵，雄蜂负责交配，工蜂负责采蜜和保护家园。

（2）蜜蜂主要靠圆圈舞和“8”字舞告诉同伴蜜源的距离和方向，并用舞蹈的速度快慢表示远近，头朝上时表示蜜源朝着太阳的方向，头朝下则反之。

（3）工蜂后腿带着“工具箱”“蜡钳”“粉刷”和“粉筐”，其利用这些将花蜜、花粉带回蜂窝。

（4）蜂蜡是由蜜蜂腹部的蜡腺分泌的，蜂蜡流出的地方叫“蜡镜”，蜜蜂腹部有4对“蜡镜”。

（5）蜜蜂的巢房是令人惊叹的建筑物，巢房是一个个六角柱体房室，巢中被封盖的是自然成熟的蜂蜜，红褐色的是花粉。蜂巢的内部结构被称为蜂房，蜂房由一系列以蜂蜡制作，紧密排列的六角柱体蜂室所组成，这种由六角柱体所排列而成的结构叫作蜂窝结构，它有着优秀的几何力学性能，因此在材料学中有广泛应用。蜜蜂蜂房是严格的六角柱体，它的一端是平整的正六边形开口，另一端是封闭的，由3个相同的菱形组成。组成底盘的菱形的钝角为109° 28′，锐角为70° 32′，这样既坚固又省料。

操作指南

【学习方式】通过观察的方式进行学习。

【现象描述】蜜蜂在蜂窝里面产蜜。

【操作步骤】观察蜂窝的形状，了解蜜蜂的生活习性。

【注意事项】请勿攀爬维护栏，请勿用力敲打展品。

展项名称 蝴蝶的一生

展项设计

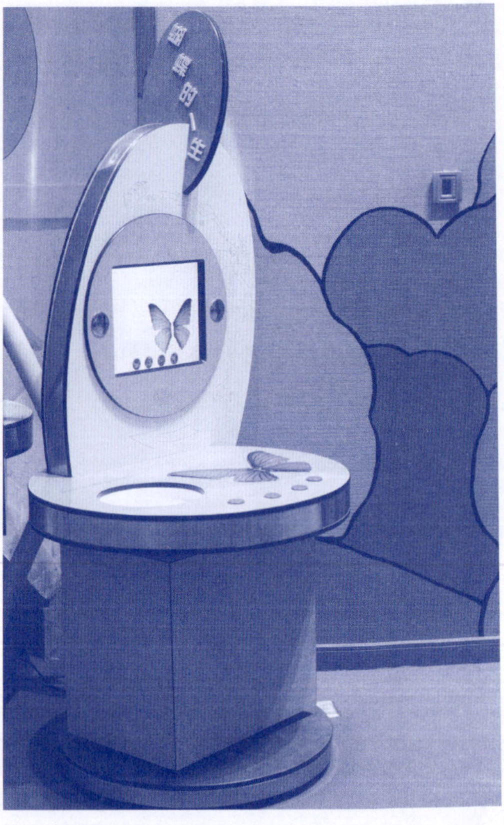

【展项背景】青蛙、蚊子、蜻蜓和大鲵等都需要经历从幼体变到成体的变态过程。

【展示目的】观看多媒体，了解蝴蝶、蜻蜓等变态动物的生长过程。

【展项描述】通过多媒体展示蝴蝶、蜻蜓等变态动物的生长发育过程。

【原理与知识】蝶，通称为“蝴蝶”，节肢动物门、昆虫纲、鳞翅目、锤角亚目动物的统称。蝴蝶在全世界有14 000多种，大部分分布在美洲，在亚马孙河流域品种最多，中国有1 200多种。蝴蝶一般色彩鲜艳，身上有很多条纹，翅膀和身体有各种花斑。蝴蝶是完全变态的昆虫，即一生会经过4个阶段：卵、幼虫、蛹、成虫。

操作指南

【学习方式】通过观察、操作的方式进行学习。

【现象描述】多媒体介绍蝴蝶从卵发育成幼虫，再到蛹，最后变为成虫的过程。

【操作步骤】

（1）在展台的操作面上，用蝴蝶各部分的磁性拼块进行拼图，拼图完成后多媒体将启动。

（2）按下展台上代表蚊子、蜻蜓、大鲵、青蛙几种变态动物的按钮，多媒体将介绍这些动物的生长过程。

（3）拼图停顿超过60秒时，多媒体将自动循环播放变态动物生长过程的动画。

【注意事项】请勿撞击液晶显示器，请勿将拼块带走。

展项名称 食物墙

展项设计

【展项背景】我国幅员辽阔，不同农作物的主要种植地不同。

【展示目的】让儿童知道我国几种农作物的主要种植地和它们各阶段的生长形态。

【展项描述】本展项主体为一套内嵌发光装置的我国地图浮雕，地图下方有8种农作物（葡萄、橘子、玉米、荔枝、黄豆、花生、油菜、辣椒）的模型并内嵌有关于这8种农作物各阶段生长形态的图文滚筒。

【原理与知识】

（1）葡萄古称“蒲陶”，品种繁多，全国各地均有分布，主要种植地有河北、陕西、山西、山东、新疆等省（自治区）。

（2）橘子颜色鲜艳、酸甜可口，是秋冬季常见的美味佳果，主要种植地有湖南、湖北、浙江、四川、重庆、广东等省（直辖市）。

（3）玉米，亦称玉蜀黍、苞谷、苞芦、珍珠米等，主要种植地有黑龙江、辽宁、吉林、山东、河南、河北等省。

（4）荔枝原产于我国南部，主要种植地有广东、广西、福建等省（自治区），云南、贵州、四川、海南、台湾等省也有少量种植。

（5）黄豆有“豆中之王”之称，被叫作“植物肉”“绿色的乳牛”，营养丰富。我国黑龙江出产的黄豆含油量高。

（6）花生又名落花生、长生果，起源于南美洲热带、亚热带地区，在我国主要种植地有辽宁、山东、河北、河南、江苏、安徽、福建、广东、广西、四川等省（自治区）。

（7）油菜主要种植地有四川、贵州、云南等省。

（8）辣椒主要种植地有贵州、湖南、云南、四川、江西等省。

【链接】了解其他植物的生长过程，可以体验“植物的生长”展项。

操作指南

【学习方式】通过观察、操作的方式进行学习。

【现象描述】按下农作物按钮，对应的主要种植地就会在地图上闪亮起来。

【操作步骤】

（1）按下地图下方的农作物模型按钮，观察地图上对应的主要种植地。

（2）转动各按钮上方的滚筒，了解8种农作物从种子生长发育成果实的全过程。

【注意事项】按下按钮启动发光区域后，请等灯光熄灭后再按下一个按钮。

展项名称

人与动物的心跳

展项设计

【展示目的】儿童通过聆听不同动物以及人类的心跳声，了解人与动物心跳的差异。

【展项描述】本展项由10个图形按钮及声效装置构成。

【原理与知识】心率是指心脏每分钟跳动的次数。不同动物的心率不一样，心跳最快的动物心率可达1 200次/分，最慢的只有约10次／分。而人的心率约75次/分。

操作指南

【学习方式】通过体验的方式进行学习。

【现象描述与操作步骤】小朋友按下代表某一动物或人的按钮时，便会听到相应动物或人的心跳声。

【注意事项】请勿攀爬。

展项名称 交通学校

展项设计

【展项背景】儿童的思维发展是由具象到抽象、由简单到复杂的过程。本展项用互动游戏、情景体验的有趣方式让儿童体验社会活动，感知生活与技术的关系。

【展示目的】通过在模拟城市内扮演司机，儿童了解城市道路系统，学习交通安全知识及交通规则；儿童通过驾驶脚踏小汽车穿过模拟城市，锻炼他们的操控能力。

【展项描述】本展项包括四部分：驾车、认识交通信号、学习交通安全知识及交通规则（多媒体问答游戏）、拓印交通安全标志。在一个模拟城市中，儿童可通过驾驶脚踏小汽车、行走穿过模拟城市的过程，了解城市道路系统，学习交通安全知识及交通规则。

【原理与知识】

（1）城市道路系统是指由连接城市各部分的所有道路（包括快速路、主干路、次干路、支路、交叉口）组成的交通网络，在一些现代化城市中还包括轨道交通、地下街等设施。认识交通标线、交通信号灯等，遵守交通规则，是市民参与管理城市交通系统的重要一环。

（2）交通标线：标划于路面上的各种交通线条、箭头、文字、立面标记、突起路标和轮廓标等构成的交通安全标识，如车道中心线、车道分界线、停止线、人行横道线等。

（3）交通信号灯：红、黄、绿三色交通信号灯。

（4）安全走路：要在人行道或人行天桥上行走。在没有人行道的地方，应靠道路右边行走。

操作指南

【学习方式】通过体验、操作的方式进行学习。

【现象描述】儿童可以拓印交通安全标志，参与多媒体交通规则问答游戏，在模拟城市里按交通规则驾驶脚踏小汽车。

【操作步骤】

（1）儿童可以选择司机或交通警察角色进行体验。

（2）儿童驾驶脚踏小汽车进入模拟城市，出现违规行为时，摄像机将抓拍的画面通过电视屏幕实时呈现，并给予提醒。

（3）在拓印区，儿童可以通过拓印游戏认识交通安全标志。将一张白纸放在印模上，用碳刷在上面涂抹，就可拓印出1幅交通安全标志。一共可拓印12幅交通安全标志。

（4）在多媒体机上，儿童可参与交通规则问答游戏。

【注意事项】

（1）在操作和体验过程中，应注意安全，请勿在模拟城市中追逐打闹，以免碰到展品撞伤自己。

（2）请勿将脚踏小汽车驾驶出“交通学校”展区。

展项名称 伯努利水球

展项设计

【展示目的】将小球放到水柱顶端，让儿童在互动中了解在流体中滚动旋转的球不容易掉落是基于伯努利原理，锻炼儿童的思维能力。

【展项描述】本展项由5组喷射装置、水泵和轻质塑料皮球组成。

【原理与知识】单水柱托球的现象与球的材质以及液体的伯努利效应有关。轻质塑料皮球与水有足够的吸附力，能让皮球处于均匀的受力状态。当水柱顶起皮球时，水流会把皮球推向一侧，水流会贴着皮球边缘往上冲，同时带动皮球旋转。当水流沿着旋转的皮球边缘冲到皮球顶端时，向上流动的水流会对皮球产生向上的吸附力，这种吸附力一方面由水自身产生，另一方面由水流的伯努利效应产生。同时旋转的皮球会把水往外、往下甩出，甩出的水对皮球形成反作用力，从而再次把皮球推向水柱，使皮球能贴着水柱旋转。以上过程不断重复，形成单水柱托球的现象。

瑞士物理学家丹尼尔·伯努利（Daniel Bernoulli，1700—1782）提出：在水流或气流里，如果速度小，压强就大；如果速度大，压强就小。当皮球偏离水柱时，皮球贴着水柱的一侧处于流速较大的水柱内部，另一侧则处于大气当中，两侧的压力差把皮球推向水柱。

操作指南

【学习方式】通过体验、操作的方式进行学习。

【现象描述与操作步骤】水泵启动后，5组喷射装置会向上喷射出高度不同的水柱。儿童手持轻质塑料皮球，慢慢靠近任意一根喷射的水柱，在皮球接触水柱时，轻质塑料皮球好像被水流吸住一样，并随喷射的水柱上升翻滚。

【注意事项】

（1）保持池水洁净，请勿向水中投放杂物。

（2）地面湿滑，小心摔跤，请勿攀爬。

展项名称 不平衡桶

展项设计

【展示目的】让儿童了解不平衡桶时而翻倒、时而直立现象背后的原理。

【展项描述】本展项由2组设置在水池边的压力泵和设置在隧道透明部分上方的1个不平衡桶构成。

【原理与知识】桶的重心会随水位的上升而升高。由于桶是不平衡的，随着重心慢慢升高，其重心慢慢偏离支撑轴，在重力的作用下，桶就会失去平衡而翻倒。

操作指南

【学习方式】通过体验、操作的方式进行学习。

【现象描述】当桶内的水位高于支撑点时，水桶会翻倒，水从桶中倒出。当桶内的水倒出后，桶的重心点低于支撑点，桶身便恢复平衡而直立起来。

【操作步骤】儿童按压手柄向不平衡桶内注水，并观察不平衡桶的状态。

【注意事项】

（1）保持池水洁净，请勿向水中投放杂物。

（2）地面湿滑，小心摔跤，请勿攀爬。

展项名称 水轮音乐琴

展项设计

【展示目的】让儿童了解音乐琴如何被奏响。

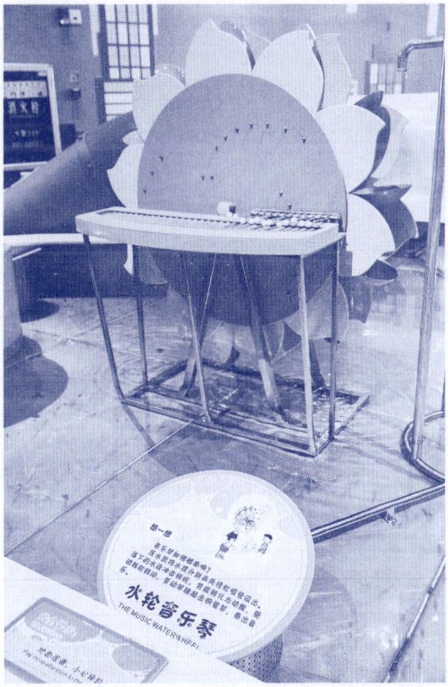

【展项描述】本展项由1组压力泵（带操作手柄）和1组水轮音乐琴（上方设置虹吸容器）构成。

【原理与知识】压力泵将水提升到高处经虹吸管吸出。落下的水流冲击水轮，重力势能转化为动能，使水轮转动，带动琴槌敲击水轮音乐琴，奏出音乐。

操作指南

【学习方式】通过体验、操作的方式进行学习。

【现象描述】儿童按压池边的手柄，将水提升至水轮音乐琴上方的虹吸容器中。当虹吸容器中的水位达到一定高度时，水通过倒U形的虹吸管流出，冲击水轮使其转动。同时，水轮上突出的金属小棒拨动琴槌并敲击对应的钢管，从而奏出动听的音乐。

【操作步骤】

（1）按压手柄，启动压力泵提水。

（2）观察水流的动向。

【注意事项】

（1）保持池水洁净，请勿向水中投放杂物。

（2）地面湿滑，小心摔跤，请勿攀爬。

展项名称 漩涡

展项设计

【展示目的】展示漩涡向中心抽吸的现象。

【展项描述】本展项由透明容器和水循环系统组成。

【原理与知识】通常水流漩涡是因为水缸的不平稳或水中原本就有的扰动而形成的。在本展项中，注水管使缸中的水旋转起来，水流运动类似于离心运动，同时漏水孔有助于漩涡的形成。当水逐渐漏掉时，由于角动量守恒，角速度增加，我们就能看到水流漩涡。越靠近漩涡中心压力越低，形成涡心抽吸的现象，浮在水面的小球就是这样被吸到水缸底部的。

操作指南

【学习方式】通过体验、操作的方式进行学习。

【现象描述】启动水池中的水泵，水会通过水管出水口沿容器圆周切线方向进入容器内，推动容器内的水体旋转，水体在离心力的作用下形成漩涡，再通过容器下方的孔使容器内的水流进水池。

【操作步骤】将海洋球放入透明容器内，观察其动态变化。

【注意事项】

（1）保持池水洁净，请勿向水中投放杂物。

（2）地面湿滑，小心摔跤，请勿攀爬。

展项名称 物料传送

展项设计

【展示目的】让儿童在活动体验中了解工地上的物料运输设备及其功能，同时锻炼儿童的动手能力。

【展项描述】本展项包括三部分：皮带传送装置、齿轮传递机构、手推车。

【原理与知识】在建筑工地上，物料传送是必不可少的一个环节。传送装置各有不同的特点，工地往往根据物料、场所等因素，选择不同的传送装置。

操作指南

【学习方式】通过体验、操作的方式进行学习。

【现象描述与操作步骤】在这个展项活动中，儿童模拟建筑工人，从入口进入工地各处活动。儿童可沿导轨推动手推车，将运来的物料放入皮带传送装置的进料口，然后转动手轮启动传送带，将物料运送到卡车车斗内。

【注意事项】

（1）请勿带走展项部件。

（2）请勿在传送装置的进料口放入杂物。

（3）手推车不能载人，推动小车时，注意避让行人。

（4）请勿攀爬玻璃橱窗、车斗。

（5）请勿奔跑打闹。

展项名称 滑轮吊桶

展项设计

【展示目的】儿童通过操作滑轮组在不同楼层间运送砖块等物料，了解滑轮的作用和特点，锻炼动手能力。

【展项描述】本展项装置由滑轮、吊桶及拉绳构成。

【原理与知识】建筑工地上常使用滑轮吊桶在不同楼层间运送砖块等小批量物料。定滑轮可以改变力的方向，动滑轮可以省力，本展项中使用了定滑轮。

操作指南

【学习方式】通过体验、操作的方式进行学习。

【现象描述与操作步骤】儿童穿戴好工作服和安全帽，模拟建筑工人，从入口进入工地各处活动。房屋的一层设置拉绳的操作位置及物料投放口，儿童拉动拉绳，当吊桶到达投料口时，可往其内放入物料。房屋的二层设置取料口，儿童拉动拉绳，通过滑轮将吊桶提升到二层的取料口，二楼的儿童可通过取料口将物料取出。多人共同参与，协作完成物料的装卸与输送。

【注意事项】请勿在二层往楼下扔砖块。

展项名称

拉索桥、拱桥

展项设计

【展示目的】让儿童通过亲自搭建简易结构的桥梁，了解桥梁的结构及受力特点，锻炼动手能力。

【展项描述】本展项分两部分：拉索桥展台上固定有拉索桥的门形支架，门形支架上固定有12根绳索，每2根绳索牵拉一块拼块，共6块拼块；拱桥展台上固定有2个桥墩，提供5块拱形EVA砖块供儿童搭建拱桥。

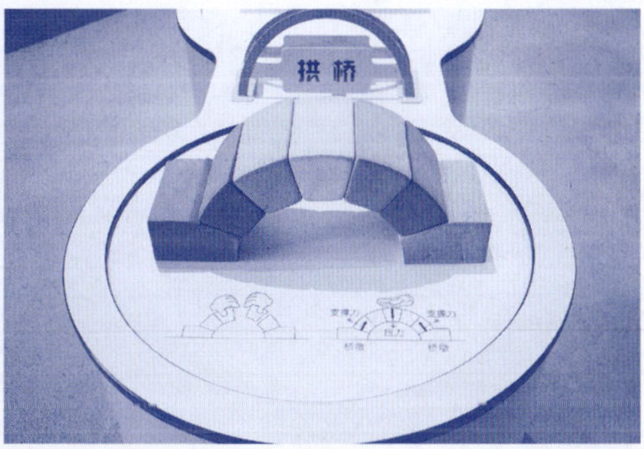

【原理与知识】桥梁的形式多样，较为常见的有拉索桥和拱桥。

拉索桥属于组合体系桥梁，它由两种基本体系的桥梁组合而成。组合体系桥梁形式很多，索梁组合的拉索桥就是常见的一种。斜拉索桥由主梁、斜向拉紧主梁的钢缆索以及支承缆索的索塔等组成。其缆索张拉成直线，主要由缆索提供大部分拉力，整个结构为几何不变体，其刚度比悬索桥大。其主梁在弹性支承上与连续梁的性能相似，跨径一般在梁桥与悬索桥之间。

以拱作为主要承重构件的桥梁就是拱桥，常见的拱轴线形状有抛物线、悬链线、圆弧等。拱桥与梁桥的最大区别在于拱桥存在水平推力，拱桥通过水平推力把原本由荷载产生的弯矩应力变成压应力，充分利用了建桥材料抗压的特点。比如石材的特点就是抗压性能良好，但抗拉性能不足。

【链接】了解更多框架建筑结构的相关知识，可以体验“震动台”展项。

操作指南

【学习方式】通过观察、操作等方式进行学习。

【现象描述与操作步骤】儿童将拉索桥的拼块连接在一起，可搭建出拉索桥；儿童堆砌EVA砖块，可搭建出简易的拱桥。搭好桥后，儿童可观察桥的结构特点并测试桥的受力情况。

【注意事项】请勿乱扔或带走EVA砖块。

发明的启示——鲁班与锯

展项名称

展项设计

【展项背景】鲁班是我国古代一位杰出的发明家，传说是他发明了锯。有一天，鲁班在山上伐木时，手不小心被野草的叶子划破了。细心的鲁班摘了一片草叶，发现草叶边缘生满了锯齿。于是鲁班请工匠制作了带锯齿的铁条，用它去拉树，果真锋利极了。锯就这样产生了，并一直沿用至今。

【展示目的】通过对发明家们发明启示的直观感受，激发儿童的创造热情。

【展项描述】本展项由木工锯、木条和图文介绍构成。

【原理与知识】细心的鲁班发现草叶边缘生满了锯齿，从而发明了锯。当锯子锯物料时，一个个的锯齿斜面与物料接触，在力相同的情况下，面积越小，压强越大，锯齿进入物料的深度越深，对物料的切割效果越明显。锯子拉动时，大量锯齿连续地切割木头，提高了切割效率。

从锯齿的形状来看，三角形的锯齿有两个斜面，其中一个斜面较陡，常被称为工作面，工作面可以在推锯时提高工作效率；另一个斜面较缓，可以使得回锯时更省力。锯齿并非排列在一个平面上，它们左右错开，同时还有居中的锯齿作为定齿，能减小锯条与木头的接触面积，从而减小摩擦，使拉锯时更省力，也使得锯子不容易被折断。所以，锯出来的锯路略大于锯条的厚度。

操作指南

【学习方式】通过体验的方式进行学习。

【现象描述与操作步骤】小朋友不断来回拉动锯子，将木条一段段地锯开。

【注意事项】请勿强行拉出锯子，以免被划伤。

展项名称 拼齿轮

展项设计

【展示目的】让儿童认识齿轮能传递动力，相邻齿轮的运动方向相反，了解简单的机械传动方式。

【展项描述】展项由橱窗展示柜和带有操作杆的展台组成，展示柜内有联动的齿轮装置，展台上移动的齿轮与固定的齿轮可以连接在一起。

【原理与知识】齿轮传动是指通过齿轮来传递运动和动力的一种方式，该方式能改变运动速度和运动方向。它效率高，结构紧凑，工作可靠，是现代各种设备中应用最广泛的一种机械传动方式。

操作指南

【学习方式】通过观察、操作的方式进行学习。

【现象描述】将齿轮拼装成功后，儿童摇动手柄，齿轮运动，带动橱窗里的青蛙和旋轮运动，旋轮旋转期间会敲木琴，从而发出悦耳的声音。

【操作步骤】

（1）儿童从盘子里选择适当数量的大小齿轮，将带有手柄的齿轮与展示柜里的齿轮连接起来。

（2）连接成功后，摇动手柄，齿轮运动，对应的部件也会动起来。

【注意事项】

（1）请勿把手伸进齿轮间。

（2）儿童在操作结束后，需要把齿轮部件放回原来的位置。

展项名称 接电路

展项设计

【展示目的】儿童通过动手实验，学习分辨导体和绝缘体，以及电路的构成。

【展项描述】本展项装置由装有6种不同材料（米、塑料、木头、碳、水、金属）的连接棒、设有4组断开电路的展台和联动装置组成。

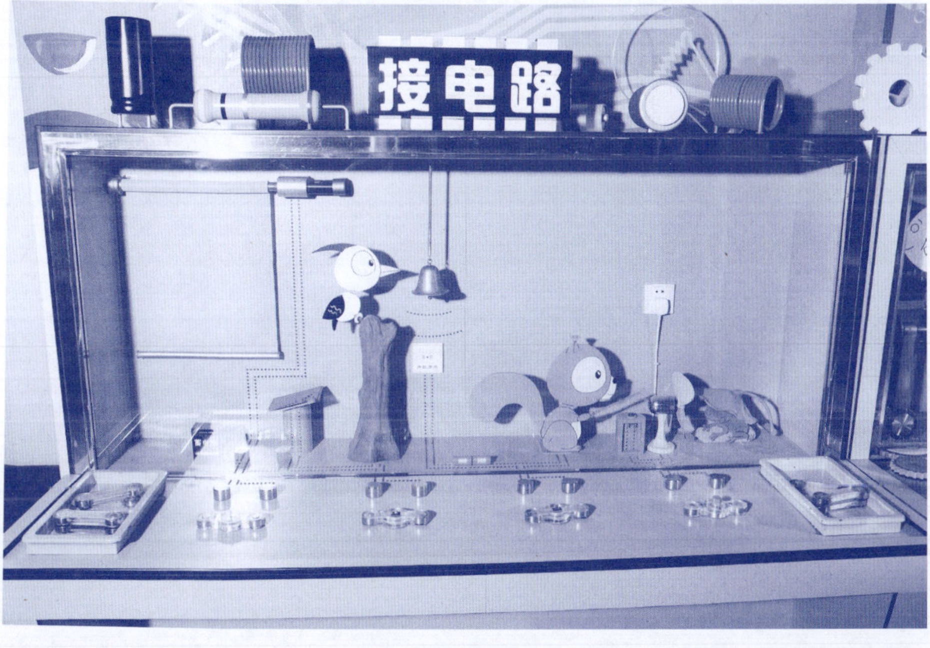

【原理与知识】绝缘体内部几乎没有可以自由移动的电子，所以绝缘体不容易导电。导体内部有大量可以自由移动的电子，当导体接入电路后，在外界电场作用下，自由电子定向移动而形成电流，所以导体能导电。电源、负载、导线是组成电路的三要素，当没有电源或者回路断开时，电路中不会形成持续的电流。在本展项中，金属棒为良导体，能够导电，所以把金属棒接入电路中形成了闭合回路，才能看到展项装置运动起来。普通的水因为含有自由电子、离子以及一些杂质，所以也能导电。展项中的其他材料的连接棒属于绝缘体，一般情况下不会导电。

操作指南

【学习方式】通过观察、操作的方式进行学习。

【现象描述与操作步骤】利用连接棒连接电路，电路连接成功后，可以看到4组电路对应的4个联动装置会动起来：①窗帘拉起，阳光出来了；②啄木鸟用嘴敲打铃铛，铃铛发出声响；③松鼠挥动木剑并敲打风扇的开关；④青蛙上面的叶子会被风扇吹掀起来。

【注意事项】

（1）请勿用连接棒敲打展台或其他人。

（2）完成实验后，要将联动装置拆下装在盘子里，以方便其他人使用。

展项名称

接气缸

展项设计

【展示目的】让儿童了解各种机械传动装置、气动装置及发声装置的结构、功能和原理。

【展项描述】本展项装置由展示柜、带有气源和气管的操作台组成，展示柜内有气缸、传输轨道装置、可滚动的小球及发声装置等。

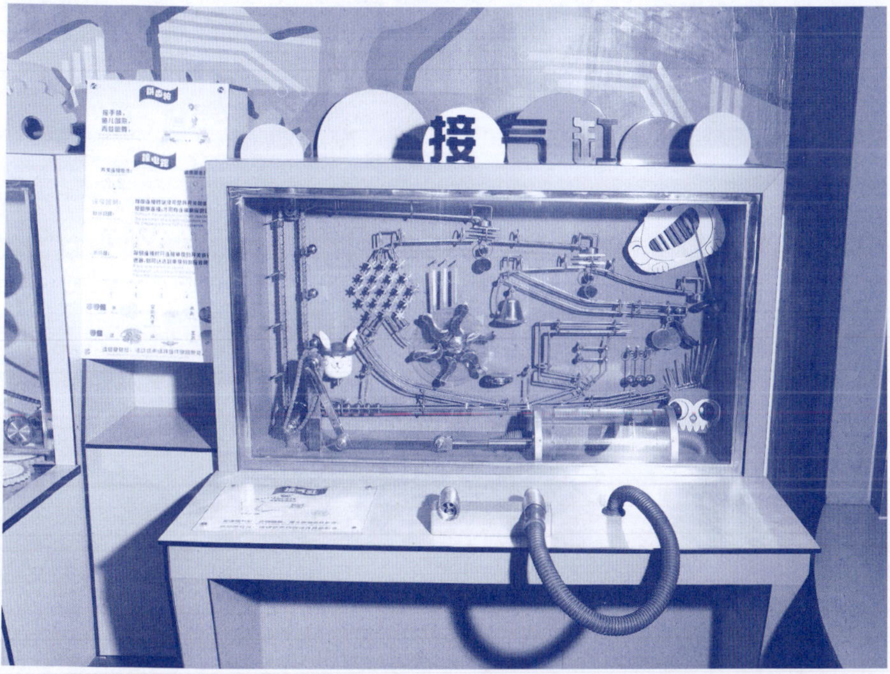

【原理与知识】气源推动空气流动，当流动的空气被封闭在气管内时，就可以传递动力。当气管与气缸连接时，气源将空气源源不断地挤入，空气被压缩而形成足够的气压，推动气缸的活塞运动。活塞运动，带动其他传动装置运动。汽车能跑起来是通过燃烧燃料让活塞来回运动，来回运动的活塞可以源源不断地传递动力。

操作指南

【学习方式】通过观察、操作的方式进行学习。

【现象描述与操作步骤】展示柜内有1个气缸，里面有活塞，儿童将连接气源的气管轮流与气缸的2根进气管连接，此时能看见活塞来回运动，从而带动小球升到高处，然后小球会沿着轨道滑落，滑落过程中，小球自动触发轨道上的发声装置发出各种声音并产生各种有趣的现象。

【注意事项】儿童在操作结束后请将气管放回原位。

展项名称 磁力转盘

展项设计

【展示目的】让儿童知道磁铁在磁力的相互作用下能传递动力。

【展项描述】本展项装置包括展墙中的装置及操作台上的装置。展墙中展示4个磁力装置，包括位于底部的磁力小车及轨道，位于上部的春米磁力装置、跷跷板磁力装置及滑杆磁力装置。操作台上设有与磁力装置对应的磁力转盘。

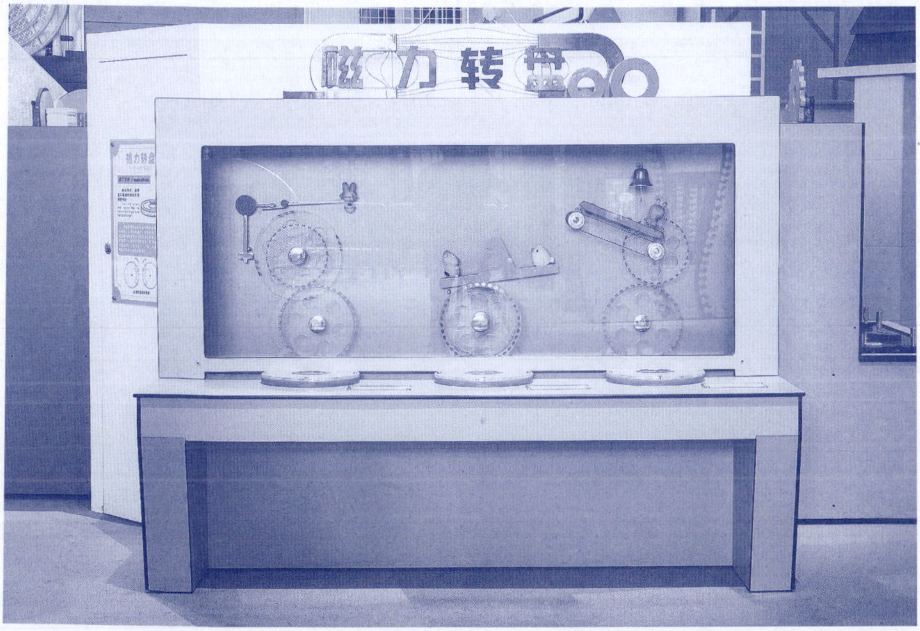

【原理与知识】磁性是指能吸引铁、钴、镍等物质的性质。我们习惯称磁化了的铁块或其他物体为磁铁。磁铁两端磁性最强的区域被称为磁极，一端被称为北极（N极），一端被称为南极（S极），它们总是成对出现，不存在单独的磁极。实验中发现，同名的磁极总是相互排斥，而异名的磁极总是相互吸引。当磁体距离越近时，这种“同性相斥、异性相吸”的特性表现越明显，所以磁体之间不需要直接接触就可以传递动力。当转动一个转盘时，另一个转盘也会跟着转动起来。

操作指南

【学习方式】通过观察、操作的方式进行学习。

【现象描述与操作步骤】

（1）舂米磁力装置：儿童转动磁力转盘，磁铁使小锤摆动，经杠杆带动舂米磁力装置上下移动，如正在舂米一样。

（2）跷跷板磁力装置：儿童转动磁力转盘，通过磁力的逐级传递，使人偶上下移动，如两个人偶在坐跷跷板一样。

（3）滑杆磁力装置：儿童转动磁力转盘，磁力通过逐级传递，驱动皮带传输机构，皮带上的磁铁运动带动人偶沿滑杆运动。

（4）各磁力转盘转动时，同时会驱动展墙中卡通人偶磁力小车沿轨道运动，动态灯光会显示磁力小车的运动轨迹。

【注意事项】请勿将杂物投入磁力转盘内。

展项名称 发明的启示——魔术贴

展项设计

【展示目的】观察魔术贴的结构和了解发明魔术贴的小故事，培养儿童从生活的方方面面去发明创造的思维。

【展项描述】本展项装置由魔术贴、放大镜、种子标本和图文展板组成。

【原理与知识】魔术贴的发明源自瑞士工程师乔治·德·梅斯特拉尔（George de Mestral，1907—1990）打猎时的意外收获。乔治每次打猎回家，外衣和猎狗身上总会粘上许多鬼针草的果头，需费劲才能剥离下来。乔治发现果实长有小钩子一样的芒刺，正是它紧紧地粘在了衣物上。他从中受到启发，发明了魔术贴。魔术贴由两条尼龙带组成，一条上面织满绒毛圈，另一条上布满带弹性的弯钩，粘上就牢、一拉就开，可以便捷、牢靠地固定一些物件。

操作指南

【学习方式】通过观察、操作的方式进行学习。

【现象描述】儿童将魔术贴的尼龙带粘合，可拉动拉手尝试从正中间把其撕开，也可从粘合的边缘慢慢撕开。儿童会发现使用拉手从正中间撕开魔术贴非常困难，而从粘合的边缘慢慢撕开魔术贴则相对容易。

【操作步骤】

（1）拿起拉手，尝试从正中间或边缘慢慢撕开魔术贴。

（2）通过放大镜，观察鬼针草、苍耳、野胡萝卜种子的表面结构，并与魔术贴的表面结构作比较。

（3）通过观看图文板，了解发明魔术贴的小故事。

【注意事项】请勿将部件带离。

展项名称 做动画

展项设计

【展示目的】通过体验制作动画的过程，让儿童了解动画的原理并体验制作动画的乐趣。

【展项描述】本展项装置分为工作台和台后装置两部分。在工作台上设置参考图板、转筒装置、拷贝台、拓印台、材料工具盒；在工作台参考图板背后设有镜子及转盘。

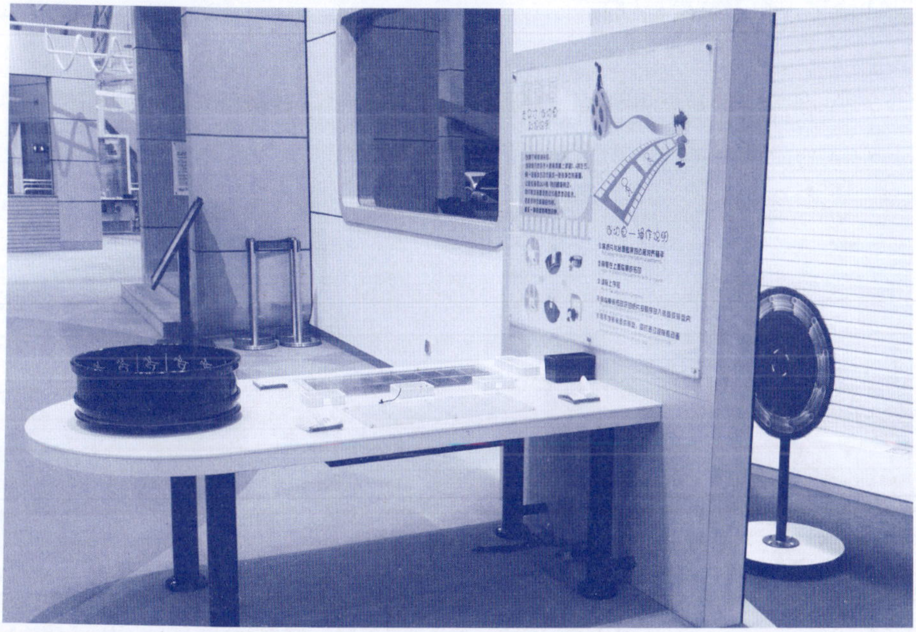

【原理与知识】人的眼睛对静止的物体存在视觉暂留，当物体消失后，影像仍会停留在大脑里0.1～0.4秒。当物体快速运动时，人的大脑中物体的影像不会立即消失，不同的物体影像叠加，就会在大脑中形成动画。大脑将许多静止的画面，以一定的速度（如每秒16张）连续播放，肉眼因视觉暂留而产生画面运动的错觉，这就是动画的原理。为了得到连续运动的画面，每个画面之间都会有细微的不同。

操作指南

【学习方式】通过观察、操作的方式进行学习。

【现象描述】由儿童自己动手绘画、拓印的图案，在快速转动的转盘或转筒中呈现出动画效果。

【操作步骤】

（1）在工作台上，透过背光在白纸上依次临摹参考图板上的动画图案，或利用白纸在拓印台的印模上依次拓印图案。

（2）将绘制好的图案依次放入转筒或转盘，用手拨动转筒或转盘，透过小缝隙或镜子观察，可看到动画。

【注意事项】

（1）转筒或转盘转动速度过快时，请不要用手使其停下。

（2）废弃的纸请丢入垃圾桶。

2.3 “绿色家园”展馆

“绿色家园”展馆划分为3个展区，分别是“绿色摇篮”“绿色危机”和“绿色行动”，它们以宣传绿色生态文明为主旨，以“自然、人类、科学、文明”为主题，演绎人与文明、人与科学、人与自然的相互关系，向公众展示生态环境保护科学知识，传播人与自然和谐发展的理念。

“绿色摇篮”展区侧重表现地球系统的结构、平衡与循环，展示地球系统的四大圈层；地球系统内部物质循环和能量流动及其对生态系统的影响；自然生态环境的变迁规律以及珠江流域典型的生态系统及其资源状况。

“绿色危机”展区展示工业社会人类对自然无止境的索取和破坏，导致环境污染、生态破坏、地球资源危机，自然灾害频发，这些现象对我们发出警示：我们曾经的绿色家园正面临着严重的危机。

“绿色行动”展区展示人类为保护地球而开展的生态恢复、环境治理、新能源开发利用等行动，号召每一个公民自觉参与绿色行动，从身边小事做起，开展绿色行动，传播绿色文明。

2.3.1 适合小学阶段学习的展项资源

在通览全馆各展项的基础上，参照展项的设计意图，结合小学生的思维能力和认知水平，本书从“绿色家园”展馆筛选出14项适合小学阶段学习的展项。

按照一定的逻辑主线，本书将该展馆相关展项的科学含义（科学知识、科学原理、科学方法及蕴含的科学思想等）转化成科学学习的课程化资源，引导各年龄段的小学生进行互动体验和探究性学习。

表2-3 “绿色家园”展馆小学教育资源检索表

序号	展项名称	知识点检索归类	教育目标	学习指导
01	灾害剧场	C6、D7	了解几种自然灾害的相关科学知识，了解一些基本防灾器材并掌握其使用方法	
02	太阳能飞机	A3、A7、A11	了解太阳能飞机飞行的科学原理	
03	核乒乓	A7、A8、A11	让参观者了解核裂变反应的过程具有链式反应的特点	
04	能量比赛	A1、A5、A7	让参观者了解能量守恒定律的相关知识	
05	地球的四个外圈	D4、D6、D7	了解地球四个外圈的构造和特点，以及它们之间的相互联系	
06	大陆漂移	D4	了解大陆漂移假说的相关知识	
07	食物链模拟游戏	A7、A8、C6、C4	了解食物链的基本构成，认识食物链的稳定对生态系统平衡的重要作用	
08	多根的树	C1、C6	了解独木成林的生态系统构成以及植物根系的相关知识	

（续表）

序号	展项名称	知识点检索归类	教育目标	学习指导
09	世界人口增长	D4、D7	了解世界人口增长的情况及其对环境、资源的影响	
10	龙卷风	A7、A12	了解龙卷风的概念、形成、类型、危害（预防）等相关知识	
11	交通碳排放	A11、D7	了解不同交通工具的碳排放量，提倡在日常出行时，多乘坐公共交通工具，选择低能耗、低排放、低污染的出行方式，做到节能减排，低碳环保，绿色出行	
12	吸血鬼的力量	A5、B1	了解电器或电子设备在开关关闭、处于待机模式下，不知不觉所消耗的巨大电能	
13	燃料站	A7、A11	了解汽油、压缩天然气、电力和氢气这四种汽车能源的性能以及未来的发展趋势	
14	垃圾时间线	A8、A11	了解不同种类的垃圾从填埋到充分降解所需的时间	

备注：知识点检索归类可从附录1（P273）查找。

2.3.2 展项学习指导

展项名称 灾害剧场

展项设计

【展项背景】自然灾害对人类社会所造成的危害和损失往往是触目惊心的，如何保护环境、恢复生态、减少灾害的发生、降低灾害带来的损失等，已成为人们日益关注的问题。

【展示目的】本展项展示了几种自然灾害的相关科学知识，使参观者认识到保护环境的重要性，了解一些基本防灾器材并掌握其使用方法。

【展项描述】通过情景模拟，结合多媒体和图文板介绍沙尘暴、地震和台风等常见自然灾害的相关科学知识。

【原理与知识】自然灾害是指给人类生存带来危害或破坏人类生活环境的自然现象，包括干旱、高温、低温、寒潮、洪涝、积涝、山洪、台风、龙卷风、冰

雹、风雹、霜冻、暴雨、暴雪、冻雨、大雾、大风、结冰、霾、雾霾、浮尘、扬沙、沙尘暴、雷电、雷暴等。

通常将以自然变异为主的灾害称为自然灾害，如地震、风暴、海啸等；将以人为影响为主的灾害称为人为灾害，如人为引起的火灾、交通事故和酸雨等。

【链接】了解更多关于灾害的知识，可以体验参观“地球物体剧场”展项。

操作指南

【学习方式】通过观察、互动体验的方式进行学习。

【现象描述】“台风体验”通过巨大的风洞让参观者真实地感受台风强劲的风力和巨大的威力，同时通过投影播放台风登陆的灾变景象；参观者通过点击触摸屏按钮了解沙尘暴的相关知识；“防灾器材的体验”以实物展示防灾器材和工具。

【操作步骤】

（1）台风体验。

① 戴好防风镜，排队依次进入体验区。

② 面向风洞的出风口站立，感受逐渐升级的台风威力，并观看墙上投影随着风力的加大而出现的灾变景象。如果迎风站立感觉呼吸困难，可面向投影墙或玻璃门站立。

③ 体验过程中如有不适，可按下体验位置上的“紧急呼叫按钮”，寻求帮助。

④ 体验完毕，请将防风镜交还管理员，有秩序地离场。

（2）沙尘暴。

按下“启动”按钮，观看多媒体“黄沙飞舞”的景象。

（3）防灾器材的体验。

① 展示类防灾器材。对照图文板了解一些防灾器材的相关知识和使用方法，如消防员个人装备、消防车（模型）、救生艇（模型）等。

② 体验类防灾器材。按照图文板描述的操作方法直接体验一些常用的防灾器材如救生缓降器、救生圈、救生衣、救生衣灯、防毒面具、逃生指示灯、二氧化碳灭火器等的使用。

【注意事项】

（1）参与“防灾器材的体验”时，请在管理员指导下操作；操作完成后，请将器材放回原处。

（2）高血压、心脏病患者以及八岁以下儿童请勿参与“台风体验”。

展项名称 太阳能飞机

展项设计

【展项背景】太阳能飞机作为一种新概念飞行器，发展前景广阔，未来必将承担越来越多的任务，为人类社会的进步发挥越来越重要的作用。目前，美国国家航空航天局的“火星探路者”和“太阳神”等超高空长航时无人机是一系列不断进化的，由太阳能和燃料电池供电系统驱动的无人飞行器。

【展示目的】参观者通过操作、体验，了解太阳能飞机飞行的基本科学原理。

【展项描述】本展项装置由2个悬挂在空中的飞机模型，2个模拟的太阳光源以及下方半固定在底座上的2个平衡环镜面组成。

【原理与知识】

（1）太阳能板（也叫太阳能电池组件）是太阳能发电系统中的核心部件，也是太阳能发电系统中最重要的部分。常见的太阳能板有单晶硅太阳能板、多晶硅太阳能板、非晶硅太阳能板、多元化合物太阳能板等。

（2）当高于某种特定频率的光照射太阳能板时，太阳能板内部的电子被光子激发，立即形成电流，这就是人们常说的“光生电”。太阳能电池产生的电流驱动飞机电动机，这样飞机就能飞行了。

（3）太阳能飞机就是利用太阳能作为推进能源的飞机，适合执行长期、高海拔的大气研究任务，也可被用作通信平台等。

操作指南

【学习方式】通过操作、体验的方式进行学习。

【现象描述】当平衡环镜面反射的光斑聚集到飞机的太阳能板上时，飞机会沿圆形轨道飞行。飞机模型旁边的计数器记录并显示飞机飞行的圈数，圈数越多表示转换的能量越多。停止操作数秒后，计数器将清零。

【操作步骤】

（1）扭动底座上平衡环镜面，通过改变它的角度将上方的灯光反射到飞机的太阳能板上，驱动飞机沿着圆形轨道飞行。

（2）可进行双人比赛，通过计数器比较转换能量的多少。

【注意事项】操作时请勿过度扭动平衡环镜面，以免损坏。

展项名称

核乒乓

展项设计

【展项背景】核能是人类最具希望的未来能源之一。人们开发核能的途径有两种：一是重元素的裂变，如铀的裂变；二是轻元素的聚变，如氘（dāo）、氚（chuān）、锂等的聚变。核聚变技术目前正在积极研究中，人们已经实现了不受控制的核聚变，如氢弹的爆炸。而核裂变技术已得到实际性的应用，核电站的能量就来自核裂变。

【展示目的】参观者通过观察乒乓球的撞击及连续的撞击激活现象，了解核裂变反应过程具有链式反应的特点。

【展项描述】本展项展台上设有一个正六棱柱状的大玻璃罩，里面布有一个正六边形的平台，平台上有36组（3个一组）的孔洞，这些孔洞可放置108个乒乓球。玻璃罩一侧的壁上设有连通玻璃罩内外的透明管道，乒乓球可由此管道放入罩中。管道下方设有一连接罩内的凹槽，凹槽中放有乒乓球供参观者取球互动。

【原理与知识】

（1）核裂变是指1个质量大的重原子核分裂成为2个或多个其他原子核，同时可能释放出中子和大量能量的过程。这个过程可以是自发的（称为核衰变），也可以是诱发的。

（2）链式核裂变反应指的是以中子为媒介而维持的自持式反应。当1个中子引起核裂变时，同时放出2~3个中子，如果这些中子再引起其他原子核裂变，就可使核裂变反应不断进行下去，这种反应叫作链式核裂变反应。本展项中的乒乓球就相当于原子或中子，用乒乓球的连续撞击模拟链式反应。

（3）常见的核燃料有铀（^{233}U、^{235}U）和钚（^{239}Pu）等，其中铀是目前最重要的核燃料，1千克铀可供利用的能量相当于燃烧2 500吨优质煤。

（4）核能是清洁能源，如今全世界大约16%的电能是由核反应堆转化的，但由于铀、钍等的储量有限，核能属于不可再生能源。

操作指南

【学习方式】通过操作、体验和观察的方式进行学习。

【现象描述】将乒乓球放进玻璃罩内后，撞击罩内的平台装置，撞击点附近的喷气装置启动，喷射出孔洞中的乒乓球，这些乒乓球与平台撞击后又激活平台中其他位置的喷气装置，不断喷射出乒乓球，最后玻璃罩内所有的乒乓球被喷射且撞击。该现象模拟的是核反应堆的核裂变过程，玻璃罩里面的乒乓球代表质量大的原子核（重元素，如铀、钍等），而外面的乒乓球代表中子，将外面的乒乓球放进玻璃罩内，启动“反应堆”的反应。乒乓球的撞击和激活不断进行，玻璃罩里会出现奇妙的混沌，正如链式核裂变反应。

【操作步骤】将凹槽中的乒乓球通过管道放入玻璃罩中，观察乒乓球的运动方式。

【注意事项】

（1）请勿在平台运动时将乒乓球放入玻璃罩内。

（2）体验结束后请勿带走乒乓球。

展项名称 能量比赛

展项设计

【展示目的】参观者通过转动曲柄，驱动对应小车运动来进行比赛，从而了解能量守恒定律及其应用的相关知识。

【展项描述】本展项装置主要由沙盘、4种颜色的曲柄和有显示屏的计数器组成，沙盘上设有4条并列的轨道，轨道上置有4辆与曲柄颜色对应的小车。

【原理与知识】

（1）能量是对一切物质运动的描述。相对于不同形式的运动，能量分为机械能、电能、化学能、原子能、内能等。功率是做功或能量转换的效率，即单位时间产生的能量。

（2）能量守恒定律是指一个封闭（孤立）系统的总能量保持不变。换言之，能量在一固定、封闭环境下既不能凭空产生也不能凭空消失。能量可以从一种形式转化为另一种形式或是从一个物体转移到另一个物体。比如水从高处往低处流，就是重力势能转化为动能；打开电灯，就是电能转化为光能。

（3）当参观者转动曲柄时，曲柄带动相连的发电机，发电机产生电能，电能驱动小车前进。这个过程中，驱动小车前进的能量来自人所消耗的能量，即进行了能量转换。曲柄转动得越快，发电机产生的电能越多，小车的运行速度也就越快。

操作指南

【学习方式】通过操作、体验的方式进行学习。

【现象描述】转动曲柄时，对应颜色的小车会动起来，曲柄转动速度越快，小车的运行速度也越快。

【操作步骤】

（1）按下计数器上的复位按钮，将计数器读数置于“00”。

（2）将4辆小车分别放在对应颜色的轨道上。

（3）转动曲柄，驱动小车动起来，计数器会记录小车的运行圈数。

（4）比较相同时间内小车的运行圈数。

【注意事项】体验结束后请勿带走小车。

展项名称

地球的四个外圈

展项设计

【展示目的】展示地球四个外圈的分布范围及特点。

【展项描述】图文板介绍地球四个外圈的分布范围及特点。

【原理与知识】地球是一个非均质体，具有明显的圈层结构。地球圈层结构分为地球外部圈层和地球内部圈层两大部分。地球外部圈层可进一步划分为三个基本圈层，即大气圈、水圈、生物圈；地球内部圈层可进一步划分为三个基本圈层，即地壳、地幔和地核。地壳和上地幔顶部（软流层以上）由坚硬的岩石组成，合称岩石圈。岩石圈厚度不均，平均厚度约为100千米。大气圈包围着海洋和陆地，没有确切的上界。在地下土壤和某些岩石中也会有少量空气，也被认为是大气圈的组成部分。水圈包括海洋、江河、湖泊、沼泽、冰川和地下水等，是一个连续但不规则的圈层。生物圈包括岩石圈的上层部分、大气圈的下层部分和水圈的全部，构成了地球上一个独特的圈层，生物圈是太阳系所有行星中仅在地球上存在的一个独特圈层。

【链接】了解更多岩石圈的相关知识，可以体验“岩石层”展项。

操作指南

【学习方式】通过观看的方式进行学习。

【现象描述】以地球的剖切面为背景，通过图文的方式展示地球四个外圈的分布范围及特点。

展项名称 大陆漂移

展项设计

【展示目的】展示地球在侏罗纪、白垩纪、第三纪和第四纪4个不同地质年代的大陆状况，介绍大陆漂移等大陆演化假说。

【展项描述】本展项通过图文板和触摸式多媒体介绍几种著名的假说，并展示地球在不同地质年代的大陆状况。

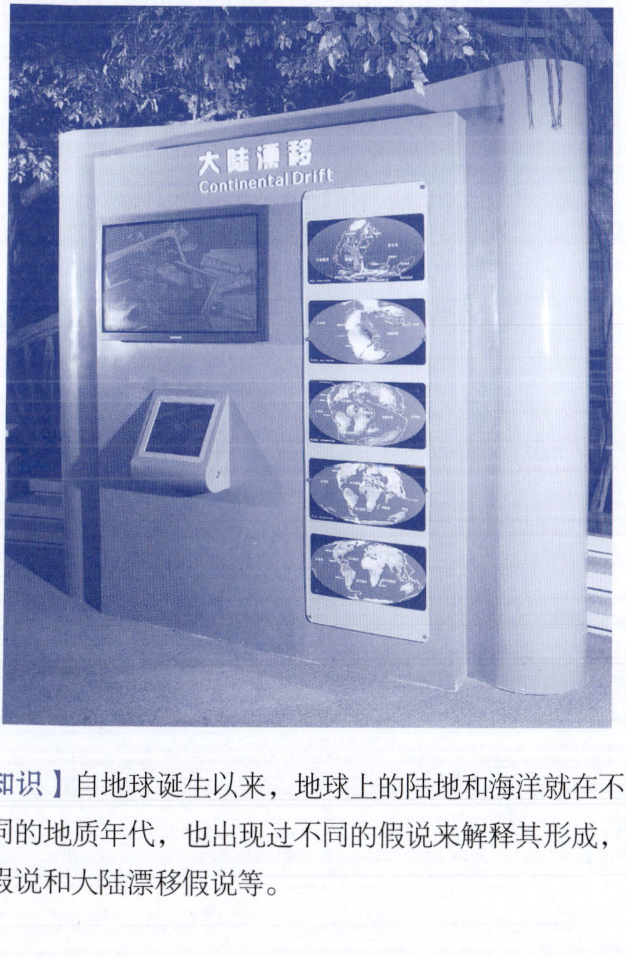

【原理与知识】自地球诞生以来，地球上的陆地和海洋就在不停地演化和运动。经历了不同的地质年代，也出现过不同的假说来解释其形成，如海底扩张假说、板块构造假说和大陆漂移假说等。

阿尔弗雷德·洛塔尔·魏格纳（Alfred Lothar Wegener，1880—1930）于1912年提出大陆漂移假说，大陆漂移假说认为，地球上所有大陆在中生代以前是统一的巨大陆块，被称为泛大陆或联合古陆，中生代开始分裂并漂移，逐渐到达现在的位置。大陆漂移的动力机制与地球自转的两种分力有关：向西漂移的潮汐力和指向赤道的离极力。较轻硅铝质的大陆块漂浮在较重的黏性的硅镁层之上，潮汐力和离极力的作用使泛大陆破裂并与硅镁层分离，而向西、向赤道作大规模水平漂移，并且向附近移动。

操作指南

【学习方式】通过观看、操作的方式进行学习。

【现象描述】点击多媒体触摸屏，可了解不同地质年代的大陆形状和大陆漂移假说等。

【操作步骤】

（1）点击触摸屏，观看多媒体，了解各假说的相关知识。

（2）拖动触摸屏上的按钮至不同的地质年代，观看相应年代的大陆形状及分布。

【注意事项】请勿用力拍打触摸屏。

展项名称

食物链模拟游戏

展项设计

【展示目的】展示食物链的基本构成及其在维持生态系统平衡中的重要作用。

【展项描述】本展项设置了“灭亡与生存”和“桑基鱼塘”两个游戏，通过互动游戏介绍食物链的基本构成，展示稳定的食物链在维持生态系统平衡中的重要作用。

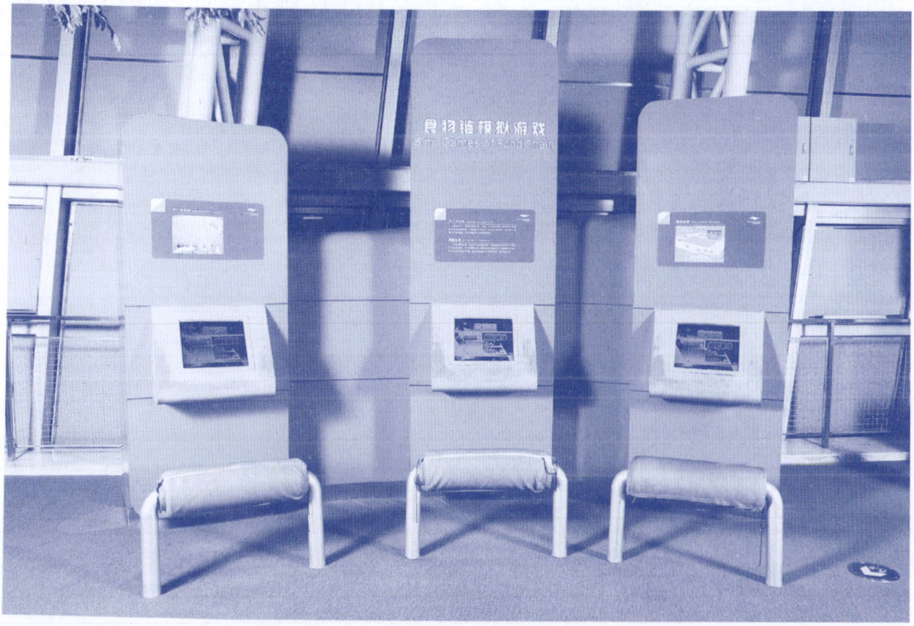

【原理与知识】储存于有机物中的化学能在生态系统中层层传导，通俗地讲，是各种生物通过一系列捕食与被捕食的关系彼此联系起来的序列，其在生态学上被称为食物链。只有维持各食物链的相对稳定，才能维持生态系统的动态平衡。构成食物链的各种生物，根据它们在能量和物质运动中所起的作用，又被分为生产者、消费者和分解者三类。生产者主要指绿色植物，它们能够通过光合作用，把无机物转化成有机物，把光能转化为储存于有机物中的化学能。消费者主要指各种动物，它们都直接或间接依赖生产者制造出的有机物生存。分解者主要指细菌和真菌等营腐生生活的微生物，它们能把动植物的尸体、排泄物和残落物等所含的复杂有机物分解成简单的无机物，归还到无机环境中，再重新被生产者利用制造成有机物。

操作指南

【学习方式】通过互动操作的方式进行学习。

【现象描述】互动游戏介绍简单食物链的构成及食物链的稳定在维持生态系统平衡中的重要作用。

【操作步骤】点击触摸屏，选择一个游戏，在规定时间内保持食物链的稳定。

【注意事项】请勿用力拍打触摸屏。

展项名称 多根的树

展项设计

【展示目的】展示不同种类树根的作用以及植物根系的相关知识。

【展项描述】仿真榕树直观呈现广东新会的“小鸟天堂”独木成林的景象，配以多媒体介绍其独特的生态系统，并介绍植物根系的相关知识。

【原理与知识】植物根系有吸收、合成和储藏有机物质的作用，还有进行营养繁殖和固着的功能。植物的根多种多样，有营养根、气生根和支柱根等，气生根和支柱根都属于不定根。不同根系的植物具有不同的特征，构成不同的生态系统。气生根是一种变态根，从植物茎上长出，生长在地面以上，暴露在空气中，如榕树的气生根。广东新会的“小鸟天堂”是由一株榕树长期繁衍而成的，其树枝上长有许多须状的不定根，垂直向下生长，到达地面后即插入土壤中，形成强大的木质支柱，犹如树干，起支持和吸收的作用。随着树枝的生长，不定根也不断向周边扩散，最终形成“独木成林”的景象。

操作指南

【学习方式】通过观看的方式进行学习。

【现象描述】仿真的榕树模拟“小鸟天堂”，直观展示了榕树气生根、支柱根的特征；多媒体介绍植物根系的相关知识。

【操作步骤】参观者通过观察仿真榕树和点击多媒体触摸屏，了解“会呼吸的根”“百鸟之家”等相关知识。

【注意事项】

（1）请勿拉扯仿真树根。

（2）请勿攀爬围栏和仿真榕树。

（3）请勿拍打多媒体触摸屏。

展项名称 世界人口增长

展项设计

【展项背景】多数学者认为未来全球环境人口容量在100亿左右。1972年，联合国人类环境会议公布的报告指出，将全球人口稳定在110亿或略多一些，可使地球上的人维持合理健康的生活。1991年，中国科学院自然资源综合考察委员会发表了《中国土地资源生产能力及人口承载力研究》报告，该报告认为，我国人口承载量最高应控制在16亿左右。1995年2月，我国人口已达到12亿（港澳台除外），虽然尚未超过学者们估计的我国人口承载量的最高值，但不可否认的事实是：我国人口与环境，特别是人口与一些资源之间的矛盾已十分突出。

【展示目的】本展项通过图文板和大型机械计数器直观显示的庞大的人口数字，让参观者了解世界人口的增长情况及其对环境、资源的影响。

【展项描述】本展项装置由图文板和大型机械计数器构成。

【原理与知识】

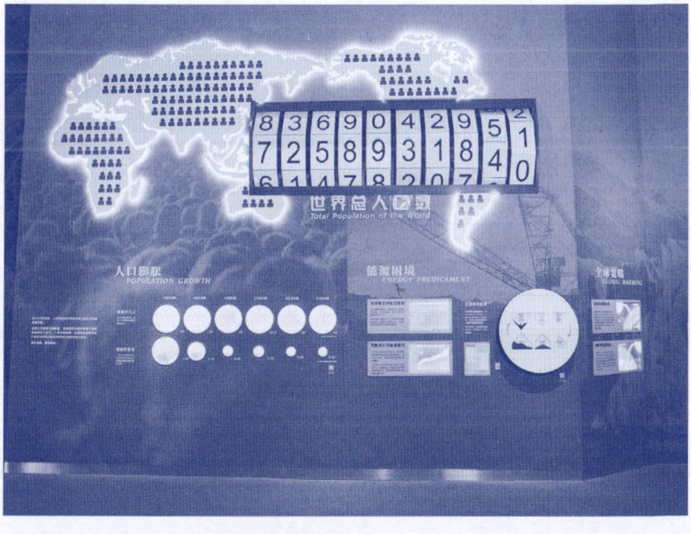

（1）环境人口容量是指环境所能容纳的最大人口数。联合国教科文组织对环境人口容量的定义是：一个国家或地区的环境人口容量，是在可预见的时期内，利用该地的能源和其他自然资源及智力、技术等条件，在保证符合社会文化准则的物质生活水平条件下，所能持续供养的人口数量。

（2）根据2017年6月联合国发布的报告，目前全世界每年增长人数大约为8 300万。也就是说，每1分钟就有接近160个新生命降生，每秒人口增量为2～3人，所以大型机械计数器也是以此速度滚动。

（3）世界人口的急剧增长给可持续发展带来了巨大的挑战。据可持续发展世界首脑会议提供的资料，联合国预计全球人口将于2025年增加到80亿、2050年增加到98亿，2100年高达112亿，土地、水资源、能源和其他自然资源将更加紧张，我们日后必将面临更为严苛的生存挑战。

操作指南

【学习方式】通过观察和思考的方式进行学习。

【现象描述】图文板展示在不同时期人口和人均占有地球资源的对比，以及人口与资源的相关知识；滚动的大型机械计数器直观且实时地展示了当前世界人口的总数。

【操作步骤】观看大型机械计数器及图文板。

展项名称 龙卷风

展项设计

【展示目的】通过体验，参观者了解龙卷风的形成过程及相关知识。

【展项描述】本展项装置由多媒体和互动体验装置两部分构成。多媒体介绍龙卷风的概念、形成、类型、危害（预防）等相关知识；互动体验装置由一个巨大的透明圆筒构成，筒内顶部设有抽气扇，底部设有风机和烟雾发生器，侧面由4根柱子和2块挡板组成。

【原理与知识】

（1）龙卷风是大气中最强烈的涡旋现象，常发生于夏季的雷雨天，尤以下午至傍晚最为多见，影响范围虽小，但破坏力极大。龙卷风经过之处，常会发生大树被拔起、车辆被掀翻、建筑物被摧毁等现象。它往往使成片庄稼、上万株果木瞬间被毁，令交通中断，房屋倒塌，人畜生命和财产遭受损失等。

（2）龙卷风的形成可以分为4个阶段：

① 大气的不稳定性产生强烈的上升气流，其受到急流中的最大过境气流的影响，进一步被加强。

② 受到切变风的影响，上升

气流在对流层的中部开始旋转，形成中尺度气旋。

③ 随着中尺度气旋向地面伸展和向上伸展，它本身变细并增强。初生的龙卷在气旋内部形成，类似产生气旋的过程，形成龙卷核心。

④ 龙卷核心中的旋转与气旋中的旋转不同，它的强度足以使龙卷一直伸展到地面。当伸展的气旋到达地面时，地面气压急剧下降，地面风速急剧上升，形成龙卷风。

（3）龙卷风分为陆龙卷、水龙卷和火龙卷。本展项模拟展现的是水龙卷，水龙卷发生在湖泊或海洋上，它外貌奇特，上方是一块乌黑的积雨云，下方是下垂着像大象鼻子的漏斗状云柱。它的速度一般是50米/秒～100米/秒。由于气流快速旋转，龙卷风内部空气极为稀薄，导致温度急剧降低，促使水蒸气迅速液化，这是形成漏斗状云柱的重要原因。

操作指南

【学习方式】通过体验的方式进行学习。

【现象描述】风机启动后，产生强大的上升气流，会形成空气漩涡，参观者随即会看到一条5米高像龙一样奔腾并高速旋转的漏斗状云柱漩涡，这就是龙卷风的形态。

【操作步骤】

（1）点击“启动”，风机开始工作。

（2）听从工作人员的指引进入体验区，沿着边缘行走，近距离触摸龙卷风，用手遮住立柱上的孔洞，或者改变挡板的方向观察龙卷风的形态。

（3）体验完一次龙卷风的生成，需等待300秒，即可进行下一次龙卷风的生成体验。

（4）观看多媒体。

【注意事项】体验时请勿站在龙卷风的中心位置。

展项名称 交通碳排放

展项设计

【展项背景】衣食住行中，“行”虽然排在第4位，但是它对我们生活环境的影响却是巨大的，它是能源消耗和温室气体排放的重点领域。

【展示目的】通过对比，展示不同交通工具的碳排放量。

【展项描述】本展项装置由多媒体屏幕、可互动的交通工具及模拟地图三部分构成。可互动的交通工具包括飞机、高铁、小轿车、大巴车等。

【原理与知识】

（1）飞机以航空燃油作为燃料，航空燃油属于化石能源。据统计，全球航空燃料二氧化碳排放量占全球二氧化碳排放总量的2%。小轿车、大巴车等交通运输工具多以汽油、柴油作为燃料，这些燃料都属于化石能源，它们的燃烧会产生大量二氧化碳。高铁是电力驱动的，在高铁运输过程中，二氧化碳排放量为0（忽略电力来源的碳足迹）。

（2）“可持续交通”的概念是在对抗20世纪下半叶交通决策和实践失误的基础上兴起的。可持续交通运动是环保运动的一部分，呼吁人们合理谨慎使用自然资源，开始将公共开支的重点从供给、建筑向公共管理和公众需求转移。

操作指南

【学习方式】通过操作、体验的方式进行学习。

【现象描述与操作步骤】选择某种交通工具，按下对应按钮，该种交通工具在地图上滑动，当交通工具到达终点时，屏幕显示该种交通工具的二氧化碳排放量。

【注意事项】请勿反复拍打按钮，爱护展项装置。

展项名称

吸血鬼的力量

展项设计

【展项背景】家用电器给生活带来了巨大的便利，但是，如果不养成良好的用电习惯，这些家电经常会在不知不觉中造成不小的经济损失和能源浪费。其中的“罪魁祸首”就是待机耗电。

【展示目的】通过互动操作，参观者了解家用电器或电子设备在待机模式下所消耗的电能。

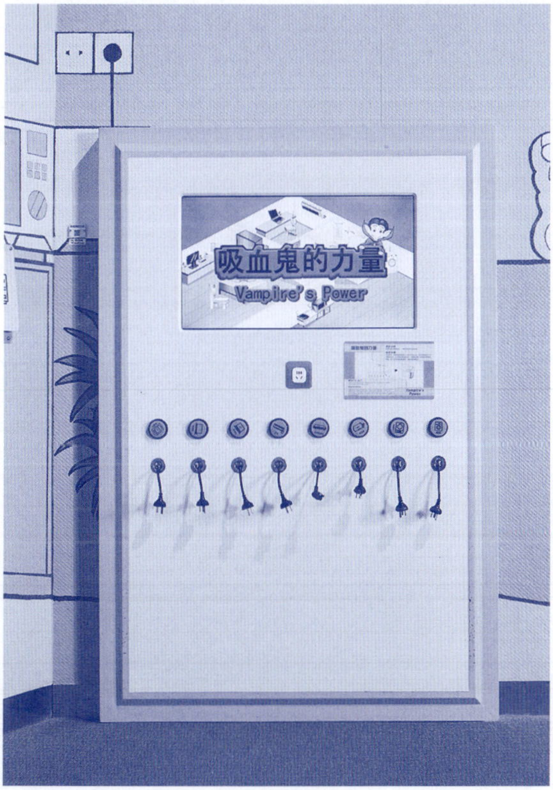

【展项描述】本展项装置为一立体展柜，展柜上方为显示屏，展柜下方有1个插座和8个代表不同家用电器或电子设备的插头，分别有微波炉、电视机、笔记本电脑、空调、数字机顶盒、热水器、电磁炉和洗衣机。

【原理与知识】

（1）待机耗电是指家用电器或电子设备在待机模式下消耗的电能。

（2）处于待机模式的家用电器，就像“吸血鬼”一样消耗着家庭电量，让我们在不知不觉中支付更多的电费。例如，用遥控器“关闭”电视机，其实电视机并没有完全关闭，而是处于用电很少的待机状态，长时间的待机状态会造成大量的电能消耗。只有关闭电视机电源开关，电视机才真正断电。

【链接】了解更多相关知识，可以体验“家电能源测试”展项。

操作指南

【学习方式】通过体验的方式进行学习。

【现象描述】当代表不同家用电器或电子设备的插头插入插座中时，显示屏上会显示一张电费发票，显示这种家用电器或电子设备一个月待机所消耗的电能。

【操作步骤】将代表不同家用电器或电子设备的插头插入插座中，从多媒体上观察在待机模式下的家用电器或电子设备耗费了多少电能。

【注意事项】请不要大力拉扯电线插头。

展项名称 燃料站

展项设计

【展示目的】让参观者了解汽油、压缩天然气、电力和氢气这四种汽车能源的性能以及未来的发展趋势。

【展项描述】本展项装置由1块屏幕、4个汽车尾部模型以及汽油、压缩天然气、电力和氢气4种汽车能源的模拟供应装置组成。

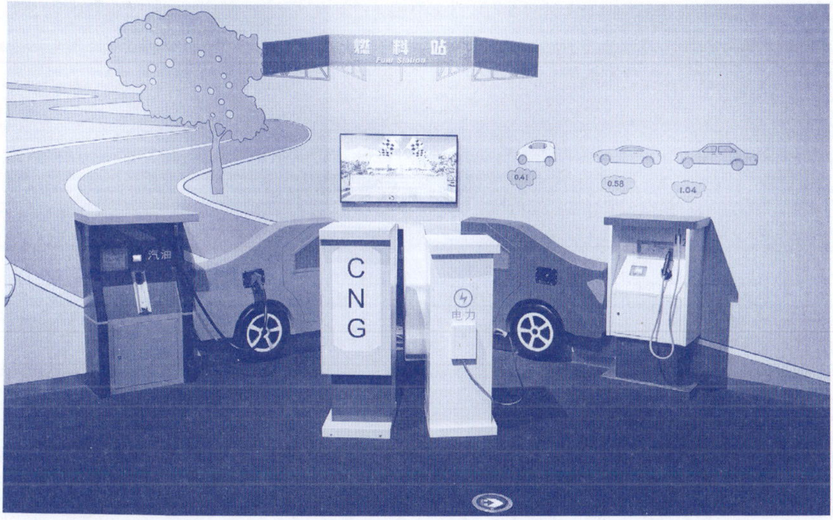

【原理与知识】

（1）汽油和柴油是轻质石油产品，是交通运输设备及其他引擎装置中最常用的燃料之一。

（2）压缩天然气（Compressed Natural Gas，CNG）主要成分为甲烷，其特点与液化石油气类似，由于与空气混合时同为气态，与燃油相比，混合气更均匀，燃烧也更完全。因此，天然气汽车比普通燃油汽车的一氧化碳排放量要低得多，但是有可能增加甲烷的排放量，甲烷是一种比二氧化碳更活跃的温室气体。

CNG双燃料汽车，是指增加了一套燃气动力装置的汽车，属于燃料汽车。此类汽车还保留了原有的供油系统（汽油或柴油等），可以在两种燃料之间切换。CNG双燃料汽车，充气一次可行驶200千米左右，供短途车辆如公共汽车、市内的士等使用。

（3）电动汽车（Electric Vehicles，EV），是指完全由可充电电池提供动力源的汽车。受限于目前动力电池的价格高、寿命短、重量大、充电时间长等缺点，电动汽车尚未大规模应用。

（4）燃料电池汽车（Fuel Cell Vehicles），是电动汽车的一种，其核心部件燃料电池让氢气和氧气通过化学反应直接产生电能，而不是燃烧。燃料电池化学反应的副产品主要是水，因此燃料电池汽车被称为绿色的新型环保汽车。

汽车新能源（氢气、压缩天然气、电力等）与传统汽油燃料相比碳排放量低，更加节能环保，是未来发展的趋势。

操作指南

【学习方式】通过操作、体验的方式进行学习。

【现象描述与操作步骤】

（1）按提示拿起油枪、气枪或充电头，将它们插入相应的位置来确认进入比赛模式。

（2）在15秒内为汽车充分蓄能，蓄满燃料后及时把油枪、气枪或充电头放回原位。

（3）系统会在倒计时结束后自动开始比赛，参观者可以看到四种不同能源汽车之间的区别。

【注意事项】体验完毕后请将油枪、气枪或充电头归位。

展项名称 垃圾时间线

展项设计

【展项背景】人类每天产生的大量垃圾都会被送往垃圾填埋场，垃圾的种类不同，在自然界中降解所需的时间也不一样。有些垃圾自行降解所需的时间是惊人的，甚至可能需要几百年。

【展示目的】参观者通过互动，了解生活垃圾从填埋到充分降解所需要的时间。

【展项描述】展项装置为一展示柜，展示柜左侧展示报纸、香蕉皮、玻璃瓶、夹板、铝饮料瓶、塑料泡沫等物品，每种物品后有一个对应的按钮，按钮右侧为表示时间长短的灯带。

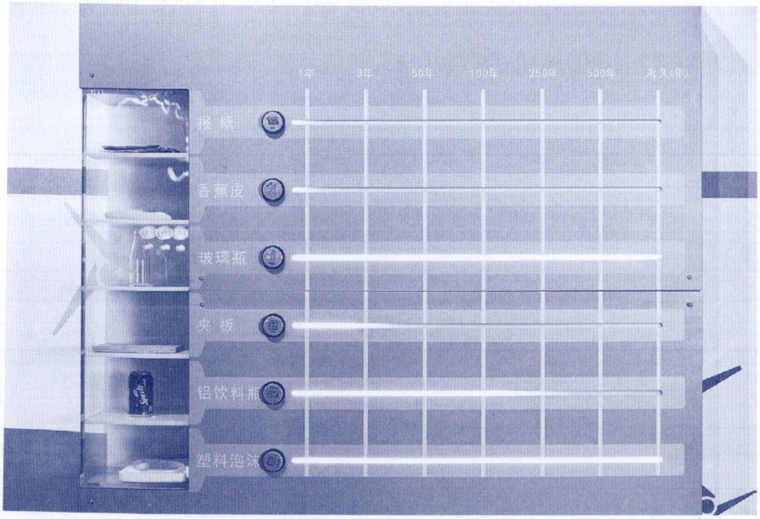

【原理与知识】

（1）垃圾是不被需要或无用的固体、液体物质。在人口密集的大城市，垃圾处理是一个令人头痛的问题。常见的做法是将垃圾收集后送往堆填区进行填埋，或用焚化炉焚化，但两种做法均会污染环境。堆填区中的垃圾不但会污染地下水并发出臭味，而且很多城市可供堆填垃圾的面积已越来越少。焚化则不可避免会产生有毒气体，危害生物。不少城市都在研究减少垃圾产生的方法，并鼓励资源回收。

（2）不同的垃圾在自然界中降解的时间不同。例如，报纸、香蕉皮等这类垃圾在较短的时间内就可以被大自然分解，而金属和塑料几乎无法被分解。大部分金属在自然环境中逐渐生锈销蚀，这类垃圾大多来自食品的包装，如汽水铝罐。日常的塑料大多数来自饮品的包装，如矿泉水瓶，瓶身、瓶盖甚至是包装标签都是塑料制品。洗衣机等家电也需要使用大量塑料，甚至木制品也需要添加胶，这些都是塑料制品。塑料由有机材料制成，其结构稳定，难以降解，因此它的灯带显示时间是最长的。

操作指南

【学习方式】通过操作、体验的方式进行学习。

【现象描述与操作步骤】按下按钮，点亮灯带，从灯带上显示的时间了解不同垃圾从填埋到充分降解所需的时间。

2.4 “飞天之梦”展馆

20世纪以来，人类最伟大的成就之一就是挣脱地球引力，实现了飞向太空的梦想。近年来，随着航天热潮的掀起，为了满足公众对航空航天知识的需求，广东科学中心建设了“飞天之梦”展馆。该展馆分为3个展区：“挑战天空”“飞向太空”和“星际探秘”，共50个展项，采用互动、参与等趣味方式展现人类对飞行的探索、对宇宙的认识和对开发太空的努力追求，并重点展示了我国航天事业取得的辉煌成就，激发人们探索太空、献身航天事业的热情。

“挑战天空”展区主要介绍让人类自由翱翔于蓝天的航空科技知识，如航空飞行器的构造和设计的基本原理，航空材料的可靠性，航空飞行器的驾驶与控制，导航及空中交通管制等内容。

“飞向太空”展区以国内外航天科技发展为背景，以我国航天事业发展历程为中心，展示航天领域的科技知识，包括航天发射与飞行的基本原理、载人航天的系统工程等内容。

“星际探秘”展区通过人类现已掌握的天文知识和航天技术，向人们展示太阳系、银河系以及河外星系的知识，激发人们探索宇宙奥秘、开发利用宇宙资源的兴趣，引发人们对人类未来的思考。

2.4.1 适合小学阶段学习的展项资源

在通览全馆各展项的基础上，参照展项的设计意图，结合小学生的思维能力和认知水平，本书从“飞天之梦”展馆筛选出11项适合小学阶段学习的展项。

按照一定的逻辑主线，本书将该展馆相关展项的科学含义（科学知识、科学原理、科学方法或蕴含的科学思想等）转化成科学学习的课程化资源，引导各年龄段的小学生进行互动体验和探索性学习。

表2-4 “飞天之梦”展馆小学教育资源检索表

序号	展项名称	知识点检索归类	教育目标	学习指导
01	热气球	A12、A14	了解热气球的升空原理	
02	空气有多重	A8、A12	了解空气的密度和质量	
03	电动转椅	B1	了解航天员训练的严格性，并检查自身前庭功能	
04	航天服	B1	了解航天服的结构与功能	
05	中国太空探索史	B3、B4	了解我国航天事业的发展历程，我国太空探索的历程和成就	
06	火箭发动机与螺旋桨发动机	A14、B1	了解火箭发动机和螺旋桨发动机的工作原理及在真空和非真空状态下的工作情况	
07	太阳系漫游	D5	了解太阳系八大行星的分布情况、表面特征及它们之间的差别	
08	在月球上跳跃	A14、D2	了解在月球上所受重力的大小及其与在地球上所受重力的差异	
09	比较行星大小和距离远近	D5	了解太阳系八大行星的相对距离、大小和表面特征	
10	哈勃望远镜	B1	了解哈勃望远镜的机械结构和光路原理等	
11	航天发射指挥控制中心	B4	了解我国载人航天工程的指挥控制和发射过程	

备注：知识点检索归类可从附录1（P273）查找。

2.4.2 展项学习指导

展项名称 **热气球**

展项设计

【展项背景】热气球是人类最早的航空器，比飞机的发明早了一百多年。其实，热气球的前身是我国古代的孔明灯，孔明灯距今已有一千多年，孔明灯是世界上最古老的热气球，但是孔明灯不能承载人。第一个载人热气球由法国的蒙哥尔费（Montgolfier）兄弟制作而成，1783年11月，世界上第一个载人热气球在巴黎升空。

【展示目的】参观者通过操作，了解热气球的升空原理。

【展项描述】本展项装置由一个直径3米、高4米的非密闭性热气球和操作台组成。在操作台可为热气球加热，当球内空气达到工作温度后，可释放热气球，观察热气球的升空。

【原理与知识】空气是有质量的物质，有热胀冷缩的特点。相同体积的空气，温度不同，它们的密度、质量也不同。当空气被加热时，其体积变大，密度变小，比相同体积的冷空气要轻。热气球升空就是利用了热胀冷缩的原理：当球囊内的空气被加热后，气体膨胀，多余的空气从气囊底部的出口处排出，球囊内的空气质量小于球囊外同等体积的冷空气，当浮力比整个装置的重力大时，气球就能升空了。升空后，如果不再加热气球囊内的空气，空气温度逐渐降低且体积变小，一方面气球体积也会跟着缩小，浮力变小；另一方面外界较重的冷空气进入球囊内，热气球自身重力也变大，当重力大于浮力时，热气球就下降了。

除了利用热空气之外，有些气球还利用较轻的气体（如氦气）来产生浮力。一个标准的AX-7级的热气球，球囊体积约为2 180立方米，当热空气加热到约100摄氏度时，热气球约能产生600千克的升力。

【链接】了解更多关于人类早期航空器的相关知识，可以体验“悬挂式滑翔机”展项。

操作指南

【学习方式】通过操作、观察的方式进行学习。

【现象描述】热气球经过加热后释放，便会缓缓升空，当其升到一定高度后便开始慢慢下降。

【操作步骤】

（1）转动“加热”旋钮。

（2）观察温度显示屏上的温度。

（3）显示屏上将会显示“达到工作温度，可以释放”，此时按下“释放”按钮，释放气球。

（4）观察气球的升降。

【注意事项】

（1）严格按照步骤进行操作。

（2）在加热过程中，不能攀爬入内或用手触摸热气球加热装置，以免被烫伤。

展项名称 空气有多重

展项设计

【展示目的】让参观者了解空气的质量和密度。

【展项描述】本展项包括供参观者猜测对比的3件物品，以及揭示答案的3块盖板。

【原理与知识】空气具有不确定的形状，并且存在质量，其相对分子质量为29，常温常压下空气的密度约为1.29千克/米^3。其密度随高度、气温和气压等的变化而变化，不同的飞机应选择不同的高度进行飞行就是这个道理。由于空气具有质量，且形状不固定，所以空气内部的各个方向都有压强，这个压强被称为大气压。人体内部和外部的压强相近，所以人感觉不到空气的压力。

【链接】了解更多关于空气密度的相关知识，可以体验“热气球”展项。

操作指南

【学习方式】通过观察、操作的方式进行学习。

【现象描述】参观者可猜测问题答案后，翻看盖板后的答案，验证猜测是否正确，了解空气是有质量的。

【操作步骤】

（1）猜测展馆内空气的质量。

（2）根据猜测选择答案，并翻看其背面，验证所选答案是否正确。

（3）若选择错误，思考原因，并重新选择答案。

【注意事项】请勿破坏展品和盖板，验证完答案后请将盖板复位。

展项名称 电动转椅

展项设计

【展示目的】参观者通过体验，可了解航天员身体训练的严格性，并检查自身前庭功能。

【展项描述】本展项装置包括模拟航天员训练所用的电动转椅和操控台，电动转椅可以360° 快速旋转，同时偏离水平面一定角度。

【原理与知识】失重能导致许多航天员出现太空运动病，简称空间病，它与前庭器官功能有密切关系。这种病常表现的症状有头晕、恶心、呕吐、迷失方向和产生错觉等。这是因为身体在失重环境中无法维持平衡，确定身体方位的众多感觉器官，特别是眼睛和内耳前庭等器官不适应失重环境。因此，航天员需要进行前庭功能训练，以减少太空运动病的发生。

电动转椅是训练前庭功能的主要设备。它训练的内容是角加速度刺激、线加速度刺激（如旋转秋千）。转椅（离轴旋转器），以旋转刺激人的内耳，增强前庭功能的适应能力。内耳迷路中除耳蜗外，还有半规管、椭圆囊和球囊，后三者合称为前庭器官，是人体对自身运动状态和头在空间位置的感受器。在这种训练中，航天员产生的知觉反应与失重的体验相似，经过训练可以减少空间病的发生。

【链接】了解更多关于航天员训练方式的相关知识，可以体验“三维滚环”展项。

操作指南

【学习方式】通过体验的方式进行学习。

【现象描述】电动转椅按预定的速度和时间旋转，参观者可体验到类似于失重的感觉。

【操作步骤】

（1）坐上电动座椅，系好安全带。

（2）等待工作人员检查安全状况，若无问题，则可开始体验。

（3）电动座椅按预定的速度和时间旋转，待电动座椅完全停止旋转后，再解开安全带离开电动座椅。

【注意事项】

（1）听从工作人员的指示系好安全带，体验过程中感觉不适请及时按扶手上的红色按钮，或示意工作人员停止旋转。

（2）必须待电动转椅完全停止旋转后再解开安全带。

（3）高龄人士，高血压、晕车、晕船等患者或身体不适者请勿体验。

展项名称 航天服

展项设计

【展示目的】展示航天服模型、结构和功能。

【展项描述】本展项装置由一套舱内航天服真品、一套供参观者拍照的航天服模型及多媒体三部分组成。

【原理与知识】航天服由头盔、手套、靴子和连体衣组成。连体衣从内到外由通风层、气密层和限制层组成。通风层由分布式通风管道组成，按人体温度分布的要求实现通风流量分配；气密层主要维持服装的气密性，保持服装压力；限制层主要承受服装余压、保证服装强度、保持拟人形态，并具有一定的人体操作活动性能，尤其保证航天员在长期压力应急时的生命安全。

航天服分为舱内航天服和舱外航天服两种。舱内航天服是载人航天飞行中航天员必备的个人防护装备与救生装备，主要在上升、载入以及在飞船座舱出现失压状态时使用。舱内航天服的主要功能为：在飞船座舱出现压力应急时，能自动建立并维持一个适合航天员生存的大气压力环境，从而保证航天员的生命安全；在座舱正常状态下，它具有通风、散热等功能，保证航天员的舒适性。舱外航天服除了具备舱内航天服的功能外，还具备防御宇宙射线和微陨星袭击的功能。此外，它还能解决通信、机动（帮助航天员太空行走）及生命保障系统等方面的问题。

【链接】了解更多关于航天员装备的相关知识，可以体验“宇航手套”展项。

操作指南

【学习方式】通过观察、体验的方式进行学习。

【现象描述】橱窗里展示舱内航天服；多媒体介绍航天服的相关知识；航天服模型可供参观者充当宇航员拍照留念。

【操作步骤】

（1）观察橱窗里的舱内航天服，了解其结构。

（2）点击多媒体，了解更多关于航天服的知识。

（3）将头伸入航天服头盔内，用相机拍照留念。

【注意事项】拍照时请小心台阶。

展项名称 中国太空探索史

展项设计

【展示目的】介绍我国航天事业的发展历程，让参观者了解我国太空探索的历程和成就。

【展项描述】本展项装置由多媒体和长征系列火箭模型构成。多媒体按时间顺序介绍我国航天事业的发展历程，同时结合长征系列火箭模型呈现我国太空探索的历程和成就。

【原理与知识】多媒体按时间顺序介绍我国太空探索史，包括航天器、航天技术的发展，以及“神舟八号”和登月计划等。我国太空探索史上有很多“第一次”。

（1）万户飞天：明代有个叫万户的人将47个当时最大的简易火箭连同一把

特制的椅子捆在自己腰上，双手各持一个大风筝，试图借助火箭的推力和风筝的升力实现飞天的梦想。

（2）“东方红一号”卫星：我国于1970年4月24日发射的第一颗人造卫星。

（3）“一箭三星”：1981年9月20日，我国第一次用一枚火箭成功发射一组三颗卫星——“科学实验卫星9号”，这三颗卫星分别是“实践二号”“实践二号甲”和“实践二号乙”。

【链接】了解更多关于人类探索太空的历史，可以参观“航空航天历史墙”展项。

操作指南

【学习方式】通过观看的方式进行学习。

【现象描述】通过长征系列火箭模型和多媒体，介绍我国太空探索的历程和成就。

【操作步骤】

（1）观看多媒体，了解中国太空探索的历程。

（2）观察长征系列火箭模型，了解我国长征系列火箭的外观结构。

【注意事项】请勿用力拍打多媒体屏幕。

展项名称 火箭发动机与螺旋桨发动机

展项设计

【展示目的】展示火箭发动机和螺旋桨发动机的工作原理及它们在真空和非真空状态下的工作情况。

【展项描述】本展项装置由火箭发动机模型、螺旋桨发动机模型和操作台构成，操作台可改变发动机的工作环境，即真空和非真空状态。

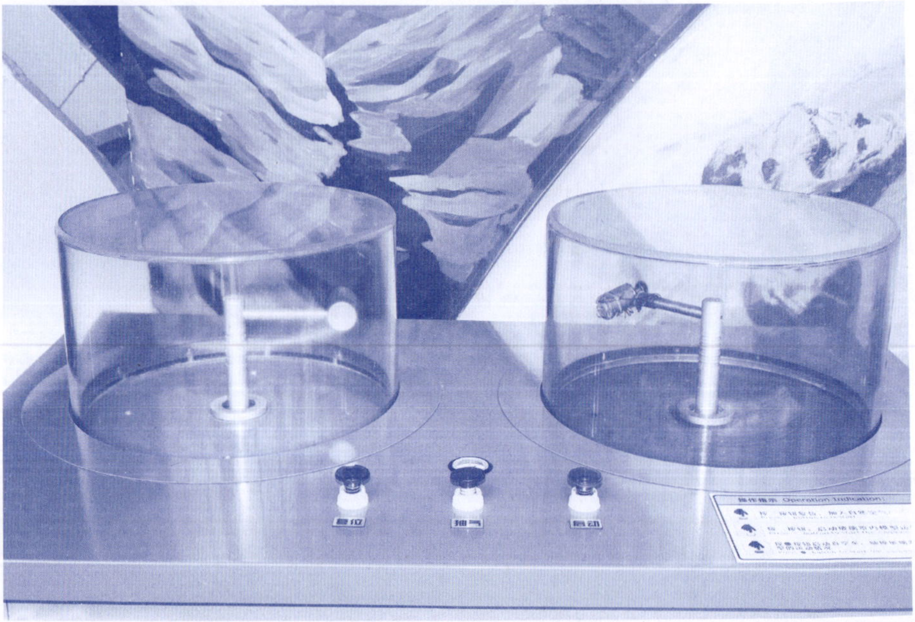

【原理与知识】火箭发动机自身携带燃料和氧化剂，燃料燃烧所产生的气体从喷管喷出而产生推力，因此火箭可以在真空中工作。螺旋桨发动机是靠螺旋桨旋转推动周围空气形成推力，因此，螺旋桨发动机必须在空气或其他介质中才能工作。

操作指南

【学习方式】通过操作、观察的方式进行学习。

【现象描述】在非真空状态下，火箭发动机和螺旋桨动机都能运转；在真空状态下，火箭发动机保持运转，而螺旋桨发动机无法形成推力，逐渐停止运转。

【操作步骤】

（1）按“复位”按钮复位。

（2）按“启动”按钮，使2个发动机工作，并绕转轴旋转。

（3）按“抽气”按钮启动真空泵，将2个玻璃罩中的空气抽掉，观察2个发动机的运转情况。

【注意事项】请按操作步骤操作，请勿拍打玻璃罩。

展项名称 太阳系漫游

展项设计

【展示目的】介绍太阳系的构成，八大行星的分布及表面特征等。

【展项描述】本展项由多媒体和自行车两部分组成。多媒体展示漫游场景，参观者骑自行车可漫游“太阳系”。

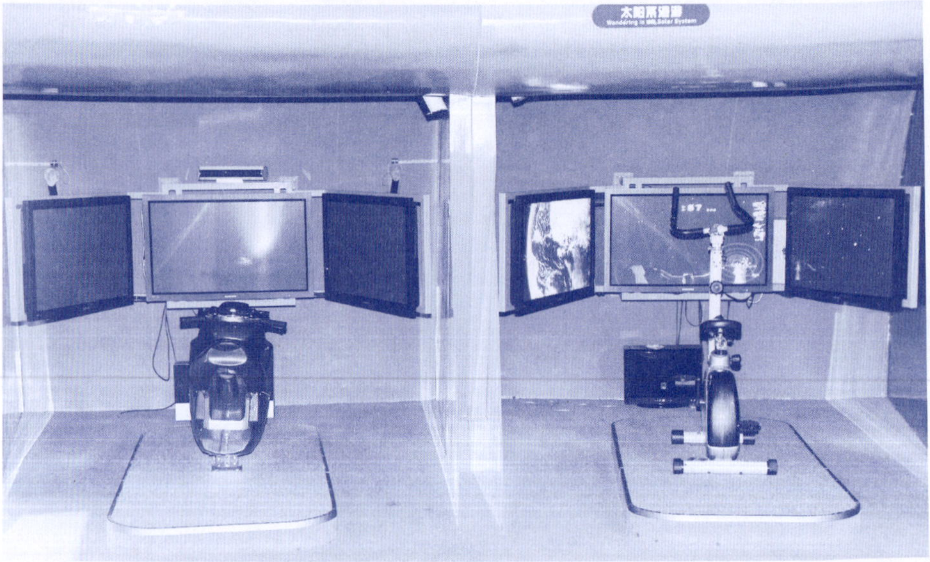

【原理与知识】太阳系是我们所在的恒星系统，位于银河系的边缘，由太阳、八大行星、已知的173颗卫星以及无数的小行星、彗星和陨星等组成。太阳是太阳系的中心。虽然太阳只是一颗中小型的恒星，但它的质量占整个太阳系总质量的99.86%。太阳从中心到边缘可分为6层，分别是日核、辐射区、对流层、光球层、色球层和日冕层。由太阳往外，八大行星的顺序依次是水星、金星、地球、火星（类地行星），木星、土星（巨行星），天王星、海王星（远日行星）。除了水星和金星外，其他的行星都有卫星。

【链接】了解更多太阳系的知识，可以体验“比较行星大小和距离远近”和“太阳系”展项。

操作指南

【学习方式】通过观看、操作和体验的方式进行学习。

【现象描述】参观者骑自行车漫游“太阳系”，每到达一个行星时，多媒体会播放其相关介绍。

【操作步骤】

（1）骑上太空自行车，按前方按钮，启动视景，从“地球”出发。

（2）踩踏自行车，用手把控制方向，观察屏幕中视景的变化（可根据屏幕右下角地图的指引前进）。

（3）每到达一个行星时，观看多媒体播放的关于此行星的介绍。

（4）停止踩踏，回到出发点。

【注意事项】上、下自行车时要小心，请按秩序排队体验。

展项名称 在月球上跳跃

展项设计

【展项背景】尼尔·奥尔登·阿姆斯特朗（Neil Alden Armstrong，1930—2012）是“阿波罗11号”的指挥官兼驾驶员，他于1969年7月登上月球，成为在地球之外的天体上活动的第一人。他的月球之行是人类历史上最重大的事件之一，对此他曾说过：“这是我的一小步，却是人类历史的一大步。”

【展示目的】参观者通过模拟体验在月球上的跳跃，感受月球上的重力环境。

【展项描述】本展项设置了一个与水平面成8°夹角的“月球表面”，在模拟的“月球表面”上有2条细滑轨，参观者躺在与滑轨连接的躺椅上，用力蹬脚踏可通过显示器看见自己在“月球”上的跳跃过程和高度。

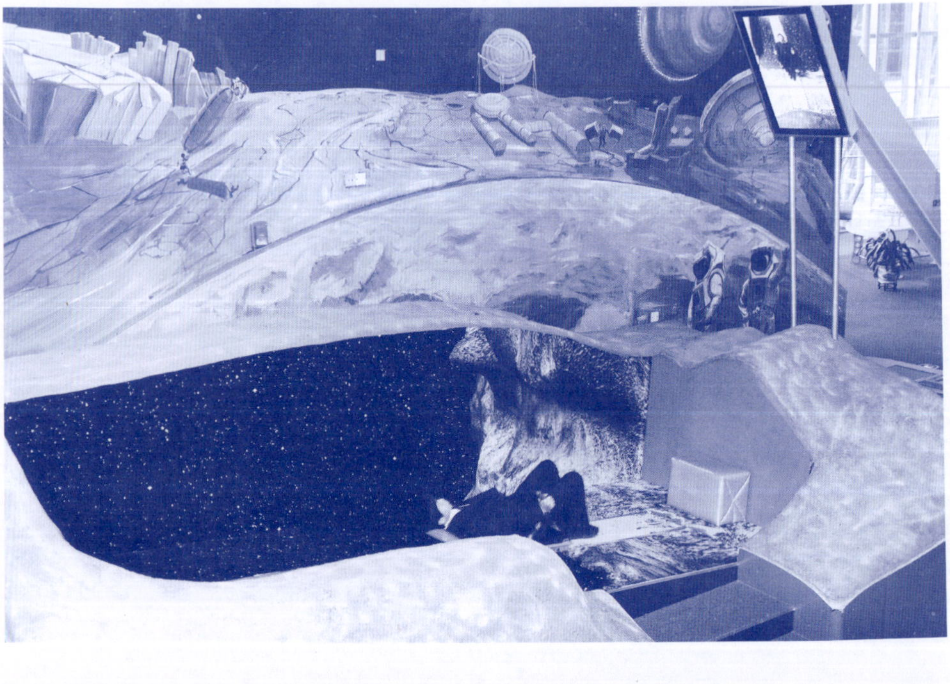

【原理与知识】月球的赤道重力加速度约为地球的1/6，因此用同样的力在月球上跳跃的高度约是地球上的6倍。

【链接】了解更多月球的知识，可以体验“设计月球挖掘机”展项。

操作指南

【学习方式】通过观察、体验的方式进行学习。

【现象描述】躺在躺椅上，用力蹬脚踏，参观者会沿着轨道滑动，整个跳跃过程会被记录下来并传输到前端的大屏幕上。大屏幕显示参观者的跳跃过程和高度。

【操作步骤】

（1）躺到躺椅上，双手抓住扶手。

（2）脚用力蹬脚踏，使躺椅沿着轨道滑动。

（3）躺椅下滑时，屈腿缓冲，减小冲击力。

【注意事项】

（1）请按操作步骤进行体验。

（2）每次体验仅限一人。

（3）长头发的女生请束发。

展项名称 比较行星大小和距离远近

展项设计

【展项背景】在2006年8月24日的第26届国际天文学联合会上，天文学家们对行星的定义和冥王星的地位问题做出最后决议：①经典行星必须满足3个条件，即必须是绕太阳（恒星）运转的天体；有足够大的质量，使得自身引力能够克服惯性而保持流体静力平衡从而成为近似球形；自身轨道周围的天体已被清理干净。②矮行星是与经典行星不同的一类天体，矮行星首批成员包括谷神星、冥王星和“2003UB313”。③太阳系小天体包括除行星、矮行星、卫星以外的所有绕太阳运动的天体。冥王星的体积只有地球的0.6%，比月球还小。此外，它的运行轨道更长，轨道平面十分奇特，从诸多方面看，它更接近于“柯伊伯小行星带”的星体，而不是太阳系的行星。

【展示目的】通过模型展示太阳系八大行星的相对大小、至太阳的距离和表面特征等。

【展项描述】本展项由根据实际大小和距离按比例缩小的太阳系八大行星的模型构成。

【原理与知识】

表2-5 太阳系八大行星的主要参数

行星	赤道半径/千米	自转周期	公转周期	至太阳最近距离/千米	至太阳最远距离/千米	卫星数
水星	2 440.5	58.65 天	87.97 天	4 600 万	6 982 万	0
金星	6 051.8	243.02 天	224.70 天	1.075 亿	1.089 亿	0
地球	6 378.1	23.93 小时	365.26 天	1.471 亿	1.521 亿	1
火星	3 396.2	24.62 小时	686.98 天	2.066 亿	2.492 亿	2
木星	71 492	9.93 小时	11.86 年	7.406 亿	8.165 亿	92
土星	60 268	10.66 小时	29.46 年	13.54 亿	15.13 亿	83
天王星	25 559	17.24 小时	84.01 年	27.49 亿	30.04 亿	27
海王星	24 764	16.11 小时	164.79 年	44.53 亿	45.54 亿	14

【链接】了解更多八大行星的知识，可以体验“太阳系漫游”展项。

操作指南

【学习方式】通过观察的方式进行学习。

【现象描述】天花板上悬挂的太阳系八大行星模型，直观地展示了太阳系八大行星的相对大小、至太阳的距离和表面特征等相关信息。

【操作步骤】观察八大行星模型。

【注意事项】请勿扯拽或拍打行星模型。

展项名称 哈勃望远镜

展项设计

【展示目的】展示哈勃望远镜的机械结构、光路原理及其拍摄到的宇宙图像。

【展项描述】展项包括半剖式的哈勃望远镜模型和多媒体两个部分。模型展示哈勃望远镜的结构及内部光路结构。多媒体介绍哈勃望远镜的机械结构、光路原理及其拍摄到的宇宙图像。

【原理与知识】哈勃望远镜是以美国天文学家爱德文·鲍威尔·哈勃（Edwin Powell Hubble，1889—1953）命名，并在轨道上环绕着地球运行的天文望远镜。哈勃望远镜于1990年发射到轨道。哈勃望远镜是一个性能卓越的空间天文台，借助它可观测到宇宙中远在140亿光年外发出的光，能观测到星群中的任一颗星；能研究宇宙的大小和起源以及宇宙的年龄、距离标度；能分析河外星系，确定恒星系、星系间的距离；还能对恒星、黑洞、类星体和太阳系进行研究，并画出宇宙图和太阳系内各行星的气象图。由于哈勃望远镜位于地球的大气层之上，其影像不会受到大气湍流的扰动，视相度佳，没有大气散射造成的背景光，且能观测到被臭氧层吸收的紫外线。

操作指南

【学习方式】通过观察、操作的方式进行学习。

【现象描述】操作多媒体，观看哈勃望远镜机械结构、光路原理及其拍摄到的宇宙图像等内容；操作模型，演示帆板运转情况和光路原理。

【操作步骤】

（1）在多媒体上用黑色跟踪球选择内容，按绿色按钮确认，了解有关哈勃望远镜的知识。

（2）按模型操作板上的按钮，使太阳能帆板转动，观察帆板运转情况。

（3）按模型操作板上的按钮打开模型的盖板，观察其内部结构。

【注意事项】小心操作，请勿损坏展项模型。

展项名称 航天发射指挥控制中心

展项设计

【展示目的】让参观者了解组成载人航天工程的八大系统，并体验载人航天发射中心的指挥控制过程。

【展项描述】本展项分为3个展区：航天发射互动式剧场电子沙盘区、模拟发射指挥控制体验区和模拟座舱区。

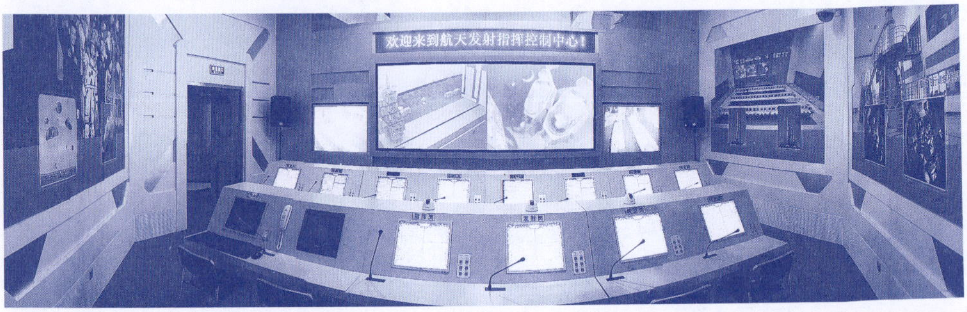

【原理与知识】我国载人航天工程是我国航天史上迄今为止规模最大、系统组成最复杂、技术难度和安全可靠性要求最高的跨世纪国家重点工程，由航天员、空间应用、载人飞船、运载火箭、发射场、测控通信、着陆场、空间实验室八大系统组成。目前，我国已有4个卫星发射中心：酒泉卫星发射中心、西昌卫星发射中心、太原卫星发射中心和文昌卫星发射中心。

航天员系统负责航天员的选拔、训练以及环境控制；空间应用系统负责载人航天工程的空间科学与应用研究；载人飞船系统由轨道舱、返回舱和推进舱组成；运载火箭系统主要用于研制发射飞船的长征二号F型运载火箭；发射场系统负责飞船、火箭的测试及发射、上升阶段的测控任务；测控通信系统主要执行飞行任务的地面测量和控制；着陆场系统负责对飞船返回再入的捕获、跟踪和测量，搜索回收返回舱，并对航天员返回后进行医监医保、医疗救护；空间实验室系统主要任务是研制空间实验室，为开展短期有人照料的空间科学实验室提供基本平台，为研制空间站积累经验。

操作指南

【学习方式】通过操作和体验的方式进行学习。

【现象描述】在航天发射互动式剧场电子沙盘区对参观者进行选拔和岗位培训；在模拟发射指挥控制体验区，参观者充当指挥及专家工作人员，配合体验载人航天发射的全过程；在模拟座舱区，两名被选拔的参观者与地面合作完成航天发射任务。

【操作步骤】

（1）观看录像和展板上的内容，了解载人航天工程的情况和展项的体验过程。

（2）进入航天发射互动式剧场电子沙盘区，对号入座，观摩火箭发射的模拟场景并根据信号灯提示进行抢答，系统根据抢答速度将参观者分配到不同的岗位，进入下一阶段的体验。

（3）按指定岗位就位，两名“航天员”在工作人员的护送下进入模拟座舱区，躺在椅盆上，在工作人员的帮助下，系好安全带，戴好头盔，为下一步体验做准备。

（4）其他参观者进入模拟发射指挥控制体验区，按分配好的岗位就座，在工作人员的帮助下先熟悉自己的操作内容。飞行程序开始后，相互协作，配合“航天员”完成飞行使命。

（5）飞行程序结束后，“航天员”出舱，其他参观者进入模拟座舱区，沿特定路线和区域参观座舱舱体、舱内仪表设备等。

【注意事项】请按要求操作，勿损坏模拟发射指挥控制体验区和模拟座舱区里的仪器设备及展品。

2.5 “人与健康”展馆

“人与健康”展馆展示人体各器官、系统的结构和功能，探讨日常生活方式与健康的关系，让参观者了解健康的科学概念以及生活方式与健康的关系，并了解科技对保障和促进健康的作用。该展馆分为3个展区：“人体的奥秘”“我的健康生活”和“科技与健康”。

“人体的奥秘”展区展示人体的结构和功能，揭示各器官和系统如何协同工作。

“我的健康生活”展区设置了一些供参观者进行体能、体质测试和体育运动的展项，让参观者了解哪些因素对健康有影响，并探索如何从饮食、运动、心理等方面形成科学健康的生活方式。

“科技与健康”展区展示人类如何把基因技术、影像诊断技术、数字技术等医学科技应用于保障和促进健康。

2.5.1 适合小学阶段学习的展项资源

在通览全馆各展项的基础上，参照展项的设计意图，结合小学生的思维能力和认知水平，本书从“人与健康”展馆筛选出9项适合小学阶段学习的展项。

按照一定的逻辑主线，本书将该展馆相关展项的科学含义（科学知识、科学原理、科学方法或蕴含的科学思想等）转化成科学学习的课程化资源，引导各年龄段的小学生进行互动体验和探索性学习。

表2-6 “人与健康”展馆小学教育资源检索表

序号	展项名称	知识点检索归类	教育目标	学习指导
01	人体之旅	C3	了解人体八大系统的知识	
02	人体呼吸	C3	了解肺的工作原理以及氧气和二氧化碳通过肺和血液的交换过程；认识呼吸系统与循环系统之间的相互关系	
03	胎儿发育	C3、C5	了解胎儿在孕妇体内5个阶段的发育状况以及胎儿的活动状态	
04	食物之旅	C3	了解食物被消化吸收的过程，以及消化系统的相关知识	
05	人体拼装	C3	了解人体器官、肌肉的结构和功能	
06	人体含水量	C3	了解水是构成人体并参与人体代谢不可缺少的物质	
07	平衡测试	C3	了解人体平衡涉及视觉、内耳以及小脑等的复杂运作	
08	健康研究实验室	C4、C6	了解细菌、病毒、寄生虫和遗传病的生存环境、危害和预防措施或治疗方法等	
09	DNA数据库	C3	了解人类23对染色体的特点及作用	

备注：知识点检索归类可从附录1（P273）查找。

2.5.2 展项学习指导

展项名称 **人体之旅**

展项设计

【展示目的】展示人体八大系统的知识。

【展项描述】参观者通过操作本展项的手柄进入屏幕场景寻找人体系统，进而了解各系统的结构、功能以及各系统之间的协调作用。

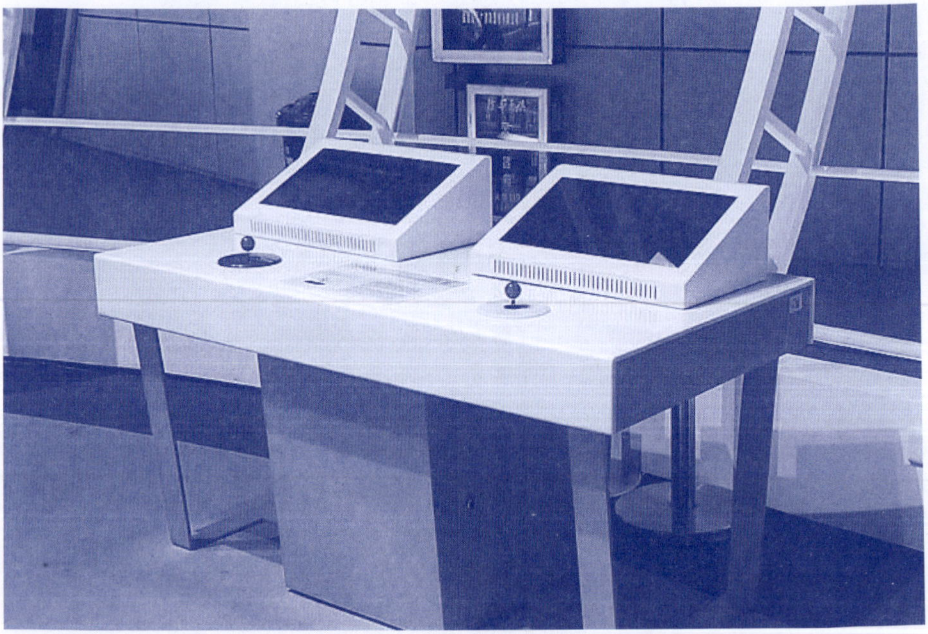

【原理与知识】人体结构和功能的最基本单位是细胞。形态相似、功能相近的细胞和细胞间质结合构成组织。几种不同的组织组成具有一定形态和生理功能的结构被称为器官。由数个相关器官组成能共同完成一系列相似的生理功能的结构被称为系统。人体有八大系统，分别是呼吸系统、循环系统、泌尿系统、神经系统、生殖系统、运动系统、消化系统和内分泌系统，在完整的人体中，每个系统都有相对独立的功能，它们相互协作，互不分离。在各系统的共同作用下，人体才能正常活动。

【链接】了解更多人体各系统的知识，可以体验“人体呼吸”“食物之旅”和“虚拟人体漫游”等展项。

操作指南

【学习方式】通过体验的方式进行学习。

【现象描述】通过操作手柄进入屏幕场景，了解人体系统的相关知识。

【操作步骤】

（1）操作手柄，控制屏幕上影像的前进、后退及左右转向。

（2）根据屏幕提示，认识场景内的五大人体系统（呼吸系统、神经系统、循环系统、运动系统、消化系统）。

【注意事项】操作手柄请勿过于用力。

展项名称 人体呼吸

展项设计

【展示目的】展示呼吸系统的工作原理，让参观者认识呼吸系统。

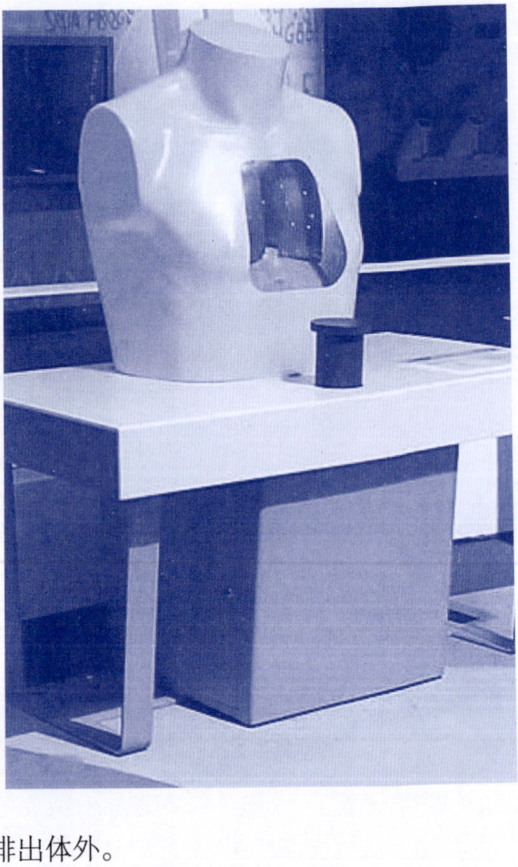

【展项描述】本展项设有呼吸系统模型，包括肺、横膈膜，展示人体在呼吸过程中肺和横膈膜状态的变化。

【原理与知识】人体的呼吸过程可以分成4个阶段：

（1）肺的通气。肺的通气包括吸气和呼气两个过程。吸气时膈肌收缩，膈的顶部下降，肋间外肌收缩，肋间内肌放松，肋骨向上升并向外移，胸廓扩大；胸腔内的压力减小，在外界大气压的作用下，空气进入肺部。呼气的过程与吸气的过程相反，呼气时肌肉舒张，胸廓缩小，肺收缩，迫使肺内的部分气体排出体外。

（2）肺泡中气体交换。空气进入肺泡，其中的氧气透过肺泡壁和毛细血管壁进入血液并与红细胞结合，同时溶在血液中的二氧化碳被释入肺泡中。

（3）氧气和二氧化碳在血液中的运输。血液中的红细胞携带氧气，由肺静脉进入心脏，再由心脏的动脉流向身体各处，各器官、组织气体交换产生的二氧化碳通过静脉回到心脏，再由肺动脉送到肺泡。

（4）组织中的气体交换。在组织中，气体交换的一般规律和在肺泡中一样。氧气由动脉血向组织扩散，二氧化碳由组织扩散入动脉血。动脉血流经组织后，血液由原来的鲜红色变成暗红色，成为静脉血。

呼吸系统是机体与外界进行气体交换的器官的总称，由呼吸道和肺两部分组成。呼吸道包括鼻腔、咽、喉、气管和支气管。肺泡是人体与外界进行气体交换的主要部位。

【链接】了解更多呼吸系统的知识，可以体验“人体之旅”“虚拟人体漫游”等展项。

操作指南

【学习方式】通过观察、操作的方式进行学习。

【现象描述】当向下按压圆筒时，参观者可观看到人体吸气过程：横膈膜顶部下降，肺模型膨胀；当圆筒向上复位时，参观者可观看到人体呼气过程：横膈膜上升，肺模型收缩。

【操作步骤】

（1）向下按压圆筒，观看模拟的人体吸气过程。

（2）等待圆筒复位，观看模拟的人体呼气过程。

【注意事项】操作圆筒时请勿过于用力。

展项名称 **胎儿发育**

展项设计

【展示目的】展示胎儿在孕妇体内5个阶段的发育状况以及胎儿的活动状态。

【展项描述】本展项分为两部分：第一部分设有5个不同的三维立体胎儿模型，展示胎儿在孕妇体内5个阶段（8周、16周、24周、32周、40周）的发育状况；第二部分模拟B超扫描仪，演示胎儿在母体中5个角度的B超图像。

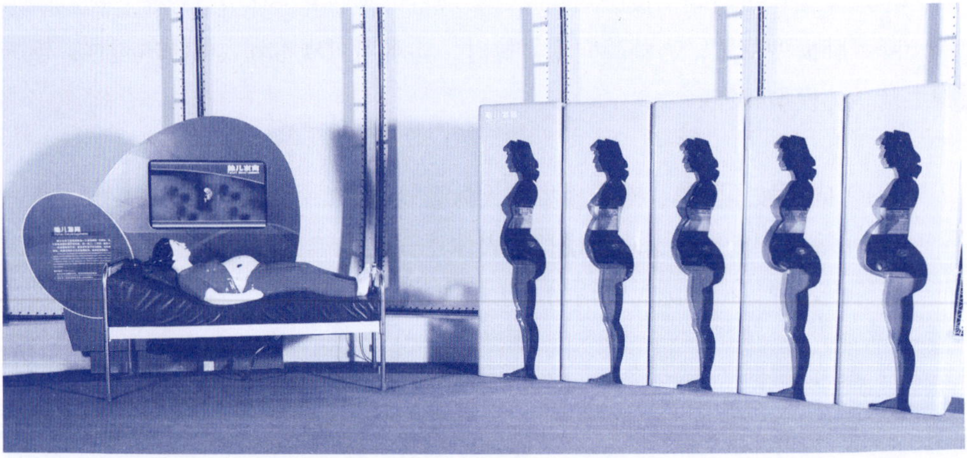

【原理与知识】受精卵由精子和卵子相互融合而成。受精后的受精卵很快开始分裂并从输卵管逐渐转移到子宫中进行胚胎发育，最后着床在子宫内膜里，胚胎通过胎盘从母体获得养料，逐渐发育成胎儿。从受精卵发育到胎儿成熟需要40周。

8周的胚胎初具人形，早期心脏形成，超声检查可以发现；16周的胎儿有少量毳毛，X射线检查可见骨骼阴影，外生殖器可辨性别，腹部检查可听到胎心音；24周的胎儿皮肤有皱纹；32周的胎儿面部毳毛已脱落，出生后适当护理可存活；40周的胎儿发育成熟，头骨变硬，胎儿内脏和神经系统功能已经健全，脑细胞的发育基本定型。

操作指南

【学习方式】通过观察、操作的方式进行学习。

【现象描述】

（1）展项左边是孕妇模型，通过模拟B超扫描仪，展示胎儿在孕妇体内5个角度的B超图像，同时伴随有胎儿的心跳声，向参观者介绍胎儿的活动状态。

（2）右边是5个妊娠阶段的胎儿模型。

【操作步骤】

（1）活动一：观察5个妊娠阶段的胎儿模型。

（2）活动二：用模拟B超扫描仪的探头对准孕妇腹部预设的5个关联点中的任意一点触发系统工作，系统将自动播放一段胎儿B超录像，同时还有胎儿的心跳声。

【注意事项】在操作和体验过程中，应保护好模拟B超扫描仪的探头，轻拿轻放，体验完请放回原处。

展项名称 食物之旅

展项设计

【展示目的】介绍食物被消化和吸收的过程，以及消化系统的相关知识。

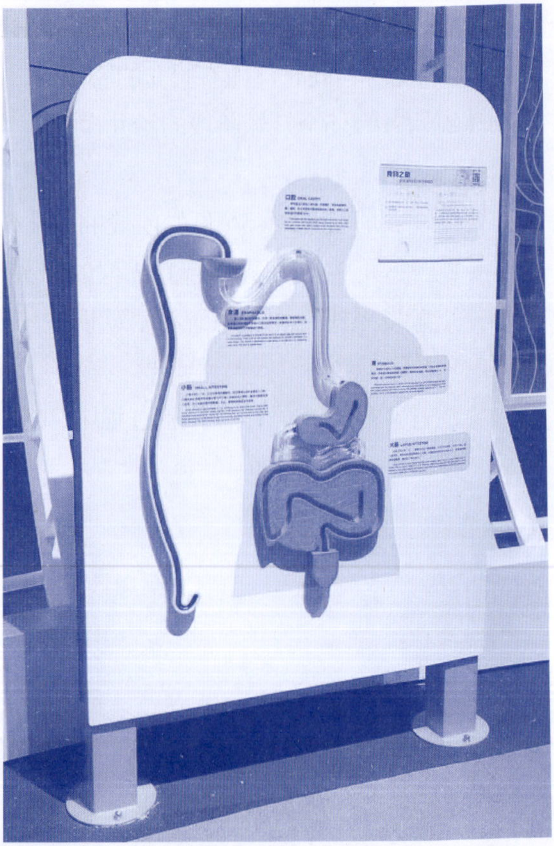

【展项描述】本展项设有一段消化通道模型，包括口腔、食道、胃、小肠和大肠，展示食物在人体内的运动路径。通过推动代表食物的小球在消化通道模型中移动，让参观者了解食物被消化吸收的过程及消化系统的相关知识。

【原理与知识】消化和吸收是相辅相成、紧密联系的两个过程。消化过程从口腔开始，食物在口腔里被咀嚼磨碎，与唾液混合，形成食团而被吞咽。唾液对食物有较弱的化学性消化作用，在口腔和食道内，营养物质几乎不被吸收。食物进入胃后，受到胃壁肌肉运动的机械性消化作用和胃液中酶的化学性消化作用，与胃液充分混合成半流体的食糜，然后逐步、分批地通过幽门进入十二指肠。胃可吸收少量水分和酒精。小肠内消化是整个消化过程中最重要的阶段。食糜在小肠内受到胰液、胆汁和小肠液的化学性消化作用和小肠运动的机械性消化作用后，彻底被分解成可吸收的小分子物质。食物经过小肠后，消化、吸收过程基本完成，未被消化、吸收的食物残渣则进入大肠，形成粪便排出体外。人类的大肠内没有重要的消化活动。大肠的主要功能是储存食物残渣，吸收水和电解质，形成粪便排出体外。

机体消化食物和吸收营养素的结构被称为消化系统，消化系统被分为消化管和消化腺两大部分。消化管包括口腔、咽、食道、胃、小肠、大肠和肛门等。消化腺包括大消化腺（3对大唾液腺、胰腺和肝脏）和分布于消化管壁的许多小消化腺（如口腔内的小唾液腺、食管腺、胃腺和肠腺等）。

【链接】了解更多消化系统的知识，可以体验“人体之旅”“虚拟人体漫游”等展项。

操作指南

【学习方式】通过观察、操作的方式进行学习。

【现象描述与操作步骤】参观者移动代表食物的小球，小球从口腔按顺序滚入食道、胃、小肠和大肠。小球每到一处，参观者可通过图文板了解该部位在食物消化过程中所起到的作用。

【注意事项】在操作和体验过程中，请缓慢推动小球，避免夹伤。

展项名称 人体拼装

展项设计

【展项背景】随着人类的进步和科学技术的发展，人体本身已不再显得神秘，人体各器官的形态、结构和组成早已被解剖学展露无遗。

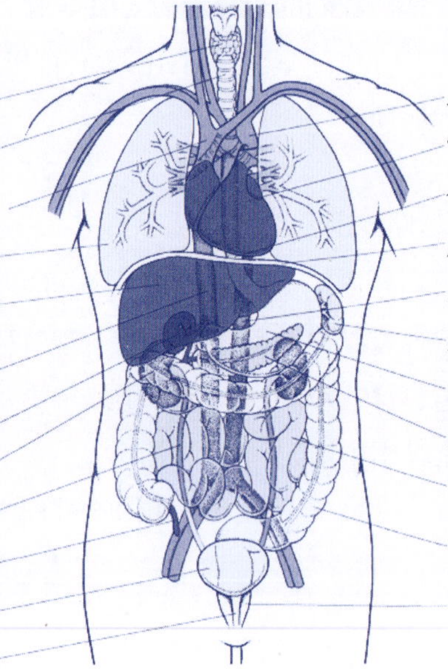

【展示目的】本展项展示人体内部各器官及肌肉的形态和结构特征，让参观者直观地了解人体的主要结构与组成。

【展项描述】本展项分为两部分：第一部分为肌肉拼装模型，可拼装上肢肌和下肢肌模型；第二部分为器官拼装模型，可将不同器官模型按正确的位置进行拼装。

【原理与知识】人体肌肉共约639块，它们由约60亿条肌纤维组成，其中最长的肌纤维达60厘米，最短的仅有1毫米左右，大块的肌肉约重2 000克，小块的肌肉仅重几克。一般人的肌肉质量占体重的35%～45%。人体器官约有100个，它们各具功能，如消化、再生、自动调节等。男、女除了在身体外形上表现出明显的差异外，在身体结构以及组成成分上也有所不同，例如，男、女的骨骼、肌肉和脂肪在质量以及分布上都有一定的差异。女性全身骨骼一般比男性的轻约20%。男性肌肉比女性的发达，男性肌纤维较粗，男、女肌肉总量之比为5∶3。女性脂肪比较丰富，其质量大约占体重的28%，而男性脂肪的质量只占体重的18%。

操作指南

【学习方式】通过观看图文板和拼装实物模型的方式进行学习。

【现象描述与操作步骤】

（1）参观者可将肌肉模型按照正确的位置拼装为完整的上肢肌模型或下肢肌模型。

（2）参观者可将器官模型按照正确的位置拼装为完整的躯干模型。

【注意事项】请勿拿走或破坏模型，以保证展项内容的完整。

展项名称

人体含水量

展项设计

【展项背景】水是人体内含量最多的成分，也是维持人体健康的重要营养物质。没有食物，我们可以存活2~3周，而没有水，我们几天后就会死于脱水。人体内只要失掉15%的水，生命就有危险。人在缺少食物的孤立无助的困境中，只要有水，生命就可以维持较长时间；生病时若无法进食，首先需要补充的是水，所以水被称为“生命之源”。

【展示目的】让参观者了解不同年龄和性别的人体内的含水量是不同的，以及水是构成人体并参与人体代谢不可缺少的重要物质。

【展项描述】本展项用LED显示屏显示参观者的体重，用水箱的水指示的刻度来直观地显示参观者体内水的含量。

【原理与知识】人体由无数的细胞组成，而水是细胞的主要组成成分，人体的各种生理活动都离不开水。胎儿在母体内孕育的时候，体内含水量约90%；当婴儿出生后，体内含水量约80%；成年人体内含水量60%左右；而到了老年就降到45%左右。成年男性体内水的含量略高于成年女性，成年男性体内有60%~65%的水分，而成年女性则为52%~58%。若身体经常性、持续性地缺乏水分，新陈代谢将无法顺利进行，身体的功能逐渐衰退，生命将受到威胁。

【链接】了解更多人体结构的相关知识，可以体验 “人体拼装”和“人体之旅”等展项。

操作指南

【学习方式】通过观察、体验的方式进行学习。

【现象描述】当参观者站在人体含水量测量平台上时，LED显示屏显示人体体重，按下性别以及年龄按钮后，旁边水箱里面注入水的指示刻度显示出参观者身体内的含水量。

【操作步骤】

(1) 踏上含水量测量平台。

(2) 按下按钮选择性别及年龄。

(3) 读出水箱内水面达到的刻度。

【注意事项】在操作和体验过程中，请勿在含水量测量平台上蹦跳。

展项名称 平衡测试

展项设计

【展示目的】展示人体平衡涉及的视觉、内耳及小脑等的复杂运作。

【展项描述】本展项通过记录参观者站在晃板上保持平衡的时间，测试其自身的平衡能力。

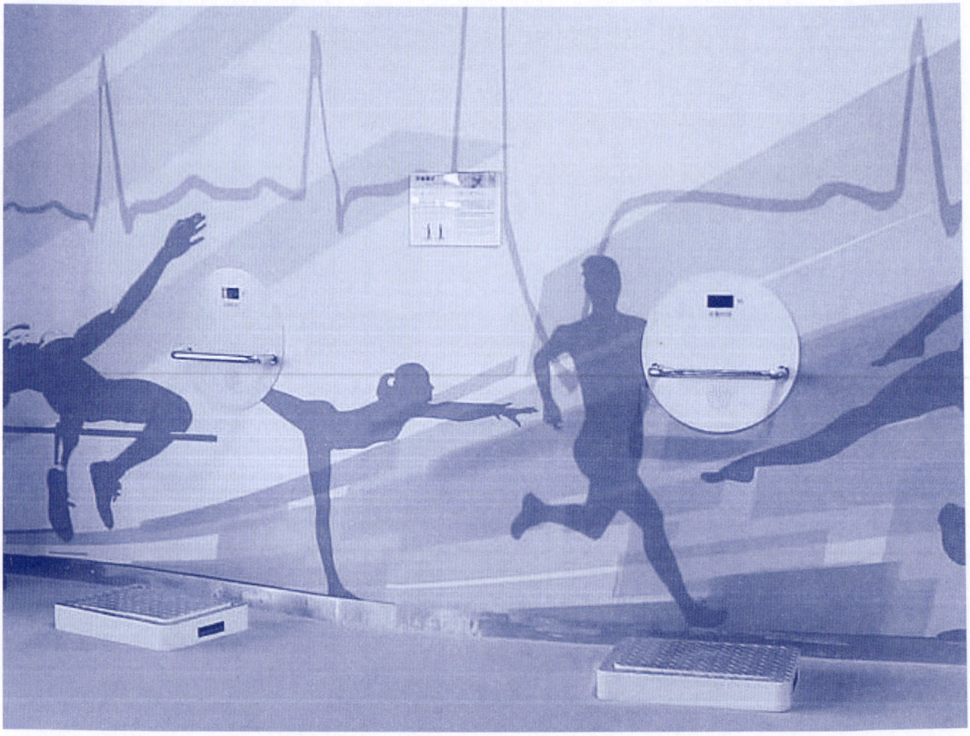

【原理与知识】人体的平衡涉及4种系统或器官的复杂运作：视觉、本体感觉、内耳，以及小脑。如果维持人体平衡的4种系统或器官运作矛盾，就会引发不适。

视觉提供我们空间位置的概念，所以当我们闭上眼睛或视线模糊时，平衡感就会变差。本体感觉在四肢肌肉的神经末梢，可以感觉我们自身的位置、姿势、平衡等相关刺激，然后将信息反射作用于肌肉组织，使运动处于协调状态。内耳包含耳蜗、半规管及前庭系统，其中耳蜗是听觉器官，半规管及前庭则是人体的平衡系统。内耳可以感受“加速感”，因此，当我们闭上眼睛坐在正在起飞的飞机上时，虽然看不到外界位置的改变，但仍然可以感觉在上升。小脑将接收来自各个器官的信息并加以整合，再协调身体的动作，维持平衡，同时调节眼球的运动，以保持清晰视力。

【链接】了解自身的平衡能力，可以体验“保持平衡”展项。

操作指南

【学习方式】通过体验的方式进行学习。

【现象描述】参观者双手握紧扶手，踏上晃板保持平衡，通过测试保持平衡的时间得知自身的平衡能力。

【操作步骤】

（1）双手抓住扶手，踏上晃板。

（2）站稳后双手松开扶手，保持身体平衡（不碰扶手或不让晃板触地），计时器开始计时，尽可能长时间地保持平衡。

（3）如果触摸扶手或者晃板触及地面，蜂鸣声将响起，同时计时器自动停止计时，屏幕上显示保持平衡的时间。

【注意事项】体验时，握紧扶手后再踏上晃板，以防晃板晃动而摔倒。

展项名称

健康研究实验室

展项设计

【展项背景】细菌、病毒、寄生虫、遗传病与我们的健康息息相关，了解它们的知识，将会对我们生活、身体健康起到重要的作用。

【展示目的】让参观者了解细菌、病毒、寄生虫和遗传病的危害以及预防措施等。

【展项描述】本展项模拟显微镜，通过多媒体向参观者展示细菌、病毒、寄生虫和遗传病等方面的知识。

【原理与知识】

（1）细菌是一类最古老、数量最多且没有细胞核膜和细胞器膜的单细胞微生物，通常存在于土壤中、水中及大多数多细胞生物的体内和体表。细菌非常小，直径通常只有0.5～5.0微米，细菌具有不同的形状。

（2）病毒包括一个或几个核酸分子组成的基因组及一层蛋白或脂蛋白保护性外壳，是可在一定宿主细胞中自我复制的感染性因子。

（3）寄生虫是暂时或永久地生活在其他生物的体内或体表，以获取营养，并损害对方的低等生物。它对人类的危害主要包括其作为病原引起寄生虫病和作为疾病的传播媒介两方面。

操作指南

【学习方式】通过观察的方式进行学习。

【现象描述】转动不同的转盘，可以在视频上看到有关细菌、病毒和寄生虫的来源、危害和预防措施等方面的信息，还可以看到遗传病的成因、危害及治疗等知识。

【操作步骤】转动不同的转盘，选择不同种类的细菌、病毒、寄生虫或遗传病，通过多媒体了解它们的相关知识。

【注意事项】在操作和体验过程中，转盘转动的速度不宜过快，以免损坏转盘。

展项名称 DNA 数据库

展项设计

【展示目的】展示人类23对染色体的形态特征及作用。

【展项描述】通过多媒体介绍人类23对染色体的特点及其与人类性别、智力、记忆和疾病等的关系。

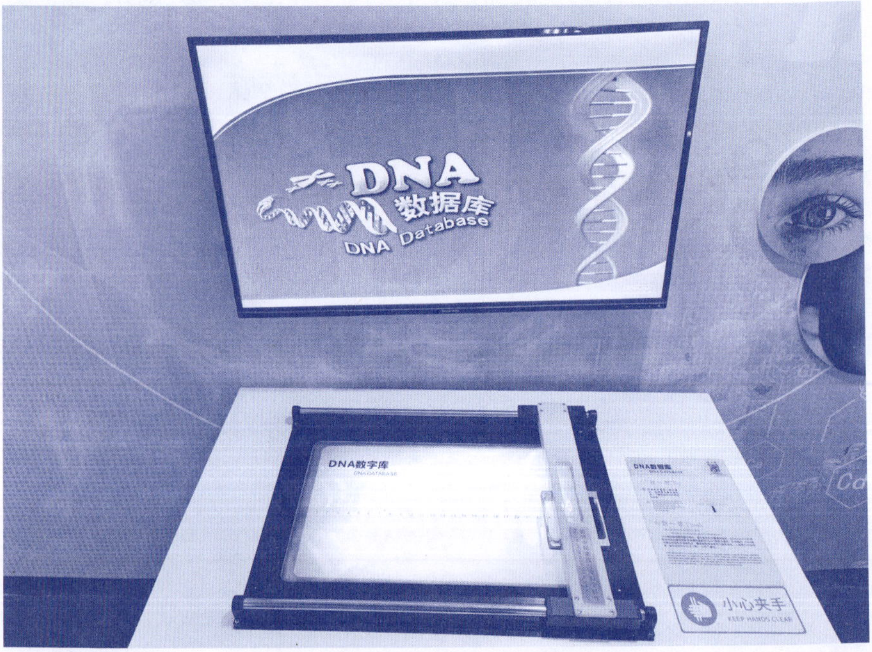

【原理与知识】人类的每个体细胞都有23对染色体，第1对到第22对叫作常染色体，为男、女共有，第23对是性染色体。女性的性染色体对是两条X染色体，而男性的性染色体对是X染色体和Y染色体各1条。人类基因组结构庞大而复杂，基因组DNA总长度约30亿碱基对，包括3万～4万个基因。

基因是遗传的基本单位，是含有生物信息的DNA片段，基因在染色体上呈线性排列。DNA又被称为脱氧核糖核酸，是生物体内主要的遗传物质，以双螺旋结构主要存在于细胞核中。染色体的主要化学成分是DNA和蛋白质。基因组是指细胞或生物体的遗传物质的总和，即整套染色体所包含的DNA分子以及DNA分子所携带的全部遗传信息。人类的基因组信息决定了人类生长、发育、生殖、疾病、衰老、死亡等所有生命现象。

操作指南

【学习方式】通过观察、体验的方式进行学习。

【现象描述】当参观者滑动滑块到不同位置的时候，显示器上会出现相应染色体的介绍。

【操作步骤】参观者在染色体图表上滑动滑块，选择要了解的染色体，通过显示器了解相关内容。参观者通过滑动滑块可中断视频，随时选择观看其他染色体的介绍内容。

【注意事项】滑动滑块时动作应轻柔，请勿撞击图表两端。滑块不应滑动过快，滑块滑动过快，屏幕将不能切换到下一个画面。

2.6 “感知与思维”展馆

感知与思维能力是人类了解和认识世界的基础。认识自我、探索心智的奥秘，是人类永恒的主题。“感知与思维”展馆以人的认知过程为主线，主要介绍心理学、脑科学和认知科学的知识，揭示人类在认识事物过程中的有关感觉、知觉和思维活动的规律，并探讨科学用脑和开发大脑潜能等相关问题。

该展馆分为3个展区：“感知花园”“错幻觉王国”和“思维空间”。

“感知花园”展区主要展示人类的感知觉活动，如视觉、听觉、触觉等有关现象。参观者在体验过程中将调动全身的感觉器官进行感知体验，了解自身对外界信息的识别、处理，以及人类是怎样通过感觉器官与大脑来感受和认知周围的世界。

“错幻觉王国”展区主要展示一些让参观者产生感觉迷惑、不可思议的错幻觉现象。参观者透过这些现象了解其蕴含的许多有关人类感知觉的科学原理和知识，探究人类在思维的过程中如何形成正确的认知。

“思维空间”展区主要揭示人类大脑思维活动，如学习、记忆和注意力等规律，让参观者发挥自己的想象力并测试自身的思维能力，了解如何科学用脑、提高思维能力和开发大脑潜能等。

2.6.1 适合小学阶段学习的展项资源

在通览全馆各展项的基础上，参照展项的设计意图，结合小学生的思维能力和认知水平，本书从“感知与思维”展馆筛选出12项适合小学阶段学习的展项。

按照一定的逻辑主线，本书将该展馆相关展项的科学含义（科学知识、科学原理、科学方法或蕴含的科学思想等）转化成科学学习的课程化资源，引导各年龄段的小学生进行互动体验和探索性学习。

表2-7 “感知与思维”展馆小学教育资源检索表

序号	展项名称	知识点检索归类	教育目标	学习指导
01	透过其它眼睛看世界	C3、C4	了解人类视觉的工作原理，以及其他动物视觉效果与人类视觉效果的区别	
02	选择性听觉	C2、C3	体验人类选择性听觉的特性	
03	透视小屋	C3	了解人的眼睛和大脑神奇的视觉动能和空间感知能力	
04	不可能的笼子	C3	了解透视学和视错觉的原理	
05	镜子迷宫	A8、A10	体验视错觉的效果	
06	佩珀尔幻象	B2、B3	了解佩珀尔幻象的原理	
07	隐身屋	B5	体验视错觉的效果	
08	颜色字	C3、C6	了解人类大脑在处理文字与颜色上的功能差别以及注意力对人类日常生活和工作的影响	
09	瀑布声音错觉	C3、C6	了解人类的认知是通过不同感官共同对外界信息进行综合辨析获取的	
10	星星临摹	C3	体验程序记忆效果	
11	堆叠游戏	C3	通过汉诺塔游戏体验人类如何解决问题，锻炼逻辑推理能力	
12	心理旋转	C3	了解形象思维能力	

备注：知识点检索归类可从附录1（P273）查找。

2.6.2 展项学习指导

展项名称 透过其它眼睛看世界

展项设计

【展示目的】本展项展示人类视觉的工作原理，以及其他动物视觉效果与人类视觉效果的区别。

【展项描述】本展项包括2台取景器，每台取景器面板上有1个触摸屏和4个按钮，且前方装有1个摄像头。其中1台取景器展示人眼4种不同的视觉效果，另1台模拟动物眼睛的视觉效果。每台取景器面板上的按钮可以调节镜头的焦距和视角。从屏幕上方还可以了解视觉效果的相关知识。

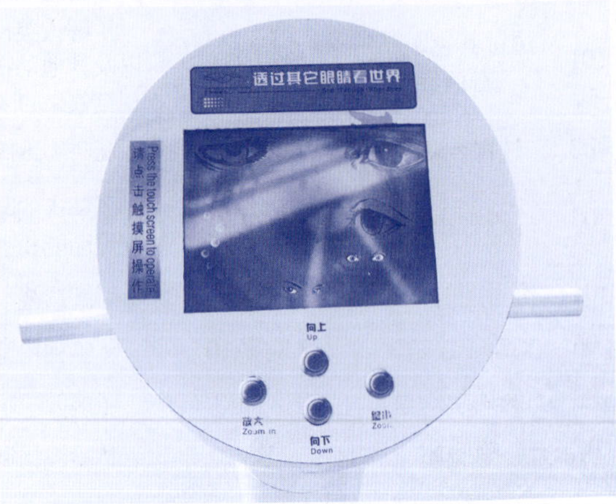

【原理与知识】视觉是指光作用于视觉器官（如眼睛），使其感受细胞兴奋，其信息经视觉神经系统加工后所引起的感觉，以辨认外界物体的形状和所处空间（距离），以及该物体在外形和空间上的改变。

人眼有4种视觉效果：视觉对比、暗视觉、颜色视觉和视觉暂留。视觉对比又可分为明暗对比和颜色对比2种，其中明暗对比是由不同空间的发光强度不同造成的。例如，在一个白色表面上，分别在两侧用不同发光强度的光照射，就会在两侧形成明暗对比。暗视觉是指在黑夜或微弱光环境中，看到的景物都是灰黑色，能够分辨物体的轮廓，但不能分辨颜色，这主要是视网膜中的视杆细胞起作用，在区域间形成对比。颜色视觉是指人眼对不同颜色的识别，当不同波长的光线刺激人视网膜中的视锥细胞后就产生颜色视觉，它与光波的明度、色调和饱和度有关。当人眼在观察外界时，光信号通过视神经传入大脑，这需要一定时间，当光信号消失后，在大脑皮层形成的视觉形象不会立即消失，而是会继续残留一定的时间，这种生理现象被称为“视觉暂留”，又称“余晖效应”。

其他动物的眼睛与人类的视觉感受器不同，因此它们看到的影像与人类不同。例如，狗的视网膜上只有2种视锥细胞，因此不能辨别红、绿等颜色。狗的视野开阔，对正在运动的物体看得比较清楚；鱼是“近视眼”，只能看到1米左右的物体，但是鱼的眼睛拥有很大的视角，它的视野比人的要开阔得多；鹰的眼睛能获取清晰的远距离影像，但是边缘模糊；青蛙实际上也是“近视眼”，根本看不清楚较远的东西，只有运动的物体，才能在它的眼睛里留下影像。

操作指南

【学习方式】通过观察、体验的方式进行学习。

【现象描述】

（1）第1台取景器显示人眼视觉效果正常模式和经计算机处理的人眼的4种不同视觉效果，4个按钮分别对应视觉对比、暗视觉、颜色视觉和视觉暂留。

（2）第2台取景器显示人眼视觉效果正常模式和模拟4种动物眼睛的视觉效果，4个按钮分别对应青蛙、鱼、狗和鹰的模拟视觉效果。

【操作步骤】

（1）点击触摸屏上的4个按钮，可选择4种不同的摄像机模式，观察经计算机处理的人眼视觉效果，以及青蛙、鱼、狗和鹰4种动物眼睛的模拟视觉效果。

（2）按动取景器面板上的左、右按钮改变镜头的焦距，按动上、下按钮改变镜头的视角。

【注意事项】请勿遮挡住展品前方的摄像机镜头。

展项名称 选择性听觉

展项设计

【展项背景】在鸡尾酒会嘈杂的人群中，两人可以在一起顺利地交谈，他们似乎听不到除谈话内容之外的其他声音，这就是通常讲的“鸡尾酒效应”。

【展示目的】让参观者体验人类耳朵具有选择性听觉的特性。

【展项描述】本展项设有2个保龄球瓶形状的喇叭，1个喇叭播放歌曲，1个播放诗歌。

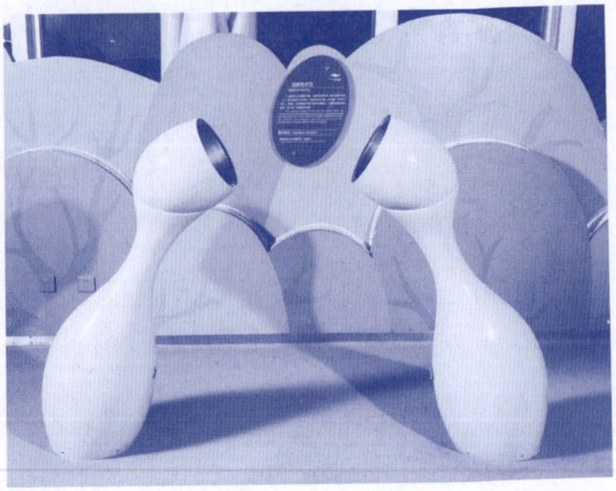

【原理与知识】人耳具有选择性听觉的特性。选择性听觉是指人类能够选择性地注意来自某一特定方向或具有某一特征的声音信号，而有效地屏蔽其他声音的干扰。也就是说，我们更容易听到自己熟悉的或对自己有意义的声音。

操作指南

【学习方式】通过体验的方式进行学习。

【现象描述】当参观者站在展项中间时，2个喇叭就会自动播放声音，参观者可以根据声音的提示参与体验。

【操作步骤】

（1）步入展项的2个喇叭之间，展项的2个喇叭就会自动开始播放声音。

（2）根据展项的提示语进行体验。

展项名称 透视小屋

展项设计

【展示目的】让参观者体会人的眼睛和大脑神奇的视觉功能和空间感知能力。

【展项描述】本展项根据透视学原理和人的单、双眼的视觉差异性，设置一个空间错落、位置分隔的不完整场景。透过某一特定的观察小孔，能看到一个“完整”的场景。

【原理与知识】外界事物是三维的，我们眼睛的视网膜却是一个二维的平面，所以，用单眼看外界事物，看到的是平面影像，很难分辨出物体距离我们的远近。双眼看到的是立体影像，这是因为双眼间有一定的距离，外界物体在双眼视网膜上的成像会稍有差异。我们的视觉系统正是利用这种差异，综合判断物体与我们的距离远近。此外，我们的双眼在注视一个物体时，离我们越近的物体，2个眼球向内转动的幅度越大，大脑便利用这一眼部肌肉的信息来判断物体的远近。

【链接】了解更多透视学和视觉的知识，可以体验“不可能的笼子”和“视觉与经验”展项。

操作指南

【学习方式】通过观察、体验的方式进行学习。

【现象描述】参观者从小屋外围可以看到小屋内的地面、沙发、茶几和壁画处在不同的平面，杂乱无章；而透过展项前面的观察小孔观察，看到的却是一个由地面、沙发、茶几和壁画组成的“完整”的室内场景。这相当于单眼看展项，例如，花瓶底部和茶几表面，它们在视网膜上的成像落在同一点上，即以为小花瓶摆放在茶几上，所以看到了一个“完整”的室内场景。

【操作步骤】

（1）从小屋外围观察它的实际构造。

（2）透过展项前面的观察小孔进行观察。

展项名称 不可能的笼子

展项设计

【展示目的】本展项展示透视学和视错觉的原理。

【展项描述】本展项设有2个分开的木架和1只猴子模型。

【原理与知识】人通过视觉系统感知三维空间中的物体。视觉系统可以从许多深度线索中获得距离的信息，并将这些信息与视网膜上所成像的信息相结合，产生与物体实际大小相对应的客体大小的视觉。视觉系统必须依赖视网膜成像获得深度线索，而视网膜只有垂直和水平两个空间维度，形成的影像是平面的二维图形。由于存在视差且深度具有不确定性，在某一个特定的角度，处在不同距离的物体在视网膜上投影产生相同的影像，我们便不能确定物体的远近，产生合理的错觉。

【链接】了解更多透视学和视错觉的知识，可以体验“透视小屋”和“视觉与经验”展项。

操作指南

【学习方式】通过观察、体验的方式进行学习。

【现象描述】本展项设有一个根据透视学原理设计并让参观者产生视错觉的笼子。猴子站在2个分开的木架中间。因为这2个木架是根据透视学原理进行设计的，所以从某一个特定的角度观看，就会产生一种视错觉，让参观者以为猴子被关在一个真正的笼子里。而从另一个角度观看，就会看到猴子不在笼子里。

【操作步骤】

（1）透过展项上的观察孔向里看，看到1只猴子被关在笼子里。

（2）按箭头方向转动装有木架的转盘，从观察孔继续观察，会发现猴子不在笼子里。

（3）松开手柄，转盘返回初始位置。

【注意事项】

（1）请按箭头方向转动手柄。

（2）转动手柄时请勿过于用力。

展项名称 镜子迷宫

展项设计

【展示目的】利用镜子“制造”的迷宫，让参观者体验视错觉。

【展项描述】利用多面大小相同的镜子构成一个镜子迷宫。

【原理与知识】光在均匀介质中沿直线传播，这是光的直线传播规律。平行光射到光滑的物体表面，反射光线仍然是平行的，这种反射叫作镜面反射。

根据平面镜的成像原理，光在一面镜子上的反射角等于入射角。当太阳光或灯光照射到人身上时，同时也被反射到镜面上，平面镜又将光反射到人的眼睛里，让我们看到自己在平面镜中的虚像。虽然我们在镜子中看到的只是“虚像”，但它反映了真实的世界，如色彩、明暗、线条、轮廓……因此，常常虚实难辨，让人产生视错觉。

操作指南

【学习方式】通过体验的方式进行学习。

【现象描述】该展项中的物品通过光的反射，在多面大小相同的镜子里会产生很多相同的影像。置身其中的参观者可看到许多条“道路”。

【操作步骤】参观者带上2个探路道具进入迷宫，找到迷宫出口后顺利离开迷宫。

【注意事项】

（1）请在体验时放慢脚步，避免混淆镜像中的“道路”和真实道路而撞到镜子上。

（2）请勿在镜子迷宫内追逐打闹。

展项名称 佩珀尔幻象

展项设计

【展示目的】利用半透光的镜子和不同强度的灯光，产生不同的成像，让参观者体验佩珀尔幻象，并了解其原理。

【展项描述】本展项前面是块半透光的镜子，镜子前后有灯光照射。在操作面板上有旋钮，它们用来调节镜子前后灯光的亮度。

【原理与知识】佩珀尔幻象有一百多年的历史，它利用一张半透半反的镜子，既可以使物体在镜中形成虚像，又可以透过镜子看到镜子后面的景物，所以让人产生了幻觉，是常被用在舞台上或某些魔术表演中让人产生幻觉的技术。这种技术通过一面平坦的玻璃与特定的光源，使物体可以出现或消失，或变形成其他物体。我们日常所用的镜子，是在光滑的平面玻璃后面镀了一层水银，水银能反射约75%的光。当光线射入镜面后，大部分的光线被反射回来，因此，我们在镜中看到的是与自己大小相同的镜像。如果是半透光的镜子，它既能透过光线也能反射光线，当镜子前面的光比镜子后面的光强时，反射光就会强于透射光，在镜中看到的是自己的镜像；反之，当透射光强于反射光时，在镜中看到的是镜子背后的景象。

操作指南

【学习方式】通过观察、体验的方式进行学习。

【现象描述】当镜子前面的灯光比镜子后面的灯光强时，可在镜中看到镜前物体的影像；反之，就会看到镜子里的物体。若把自己的眼睛对准猴子的眼睛，可感受到自己头部与猴子头部影像互换的神奇现象。

【操作步骤】

（1）站在半透光的镜子前，观察自己的影像。

（2）旋转旋钮，调节镜子前后灯光的亮度，体验佩珀尔幻象。

【注意事项】在操作和体验过程中，旋转旋钮的幅度请勿超出范围。

展项名称 隐身屋

展项设计

【展示目的】展示视错觉产生的过程和效果。

【展项描述】本展项设有一间特制的小屋，里面只有1张桌子。桌面上有1个圆洞和一些水果模型，桌子下方镶有平面镜。

【原理与知识】视错觉就是人观察物体时，会基于经验主义或不当的参照形成的错误的判断和感知，即观察者在客观因素干扰下或者自身的心理因素支配下，对图形产生的与客观事实不相符的错误的感觉。“隐身屋”是一个根据视错觉原理设计的小屋，它能把参观者的身体“隐藏”。这是因为在桌子下方安装了2块平面镜，镜子通过反射呈现出和墙面一模一样的图像从而让人产生“隐身”的错觉。

【链接】了解更多视错觉的知识，可以体验“透视小屋”和“视觉与经验”展项。

操作指南

【学习方式】通过观察、体验的方式进行学习。

【现象描述】小屋里的参观者身体“消失”了，仅有头部留在桌面上。

【操作步骤】参观者绕到小屋的后面，把头从洞口里伸出来，从对面的镜子观察自己的身体。

【注意事项】在体验过程中，请注意进出小屋时不要碰到头。

展项名称

颜色字

展项设计

【展示目的】本展项通过游戏的方式让参观者了解大脑在处理文字与颜色上的功能差别以及注意力对人类日常生活和工作的影响。

【展项描述】本展项装置由多媒体屏幕及操作台组成。操作台上分别设置2组对应4个颜色的按钮，可供单人或双人操作。

【原理与知识】日常生活中，人们需要忽略一些干扰因素，而把注意力集中在重要的事情上。研究发现，大脑的扣带回① 与注意力有密切的关系。人在注意力集中、执行有冲突的任务或任务难度增加时，扣带回都有显著的激活。大脑

① 扣带回：位于大脑半球内侧的扣带沟与胼胝体沟之间的脑回，属于边缘系统的皮质部分。

加工词语和加工颜色是两个不同的事件，前者的加工速度比后者快，当这两个矛盾信号发生冲突时，人们如果不集中注意力，大脑便会采用自动加工模式，优先判断词语。在此游戏中，参观者需要控制大脑加工，利用目的性较强的脑前区，帮助自己把注意力放在颜色识别上，这样才能得分。大脑如果不能集中注意力，将会给我们的生活和工作带来影响，如会导致我们的人际关系差和自理自立能力差，使我们自信心不足等。进行注意力的训练，有助于提高我们日常生活和工作的效率。

操作指南

【学习方式】通过体验的方式进行学习。

【现象描述】多媒体画面中会出现文字指代的颜色与字体本身颜色不一致的词语，参观者通过观察屏幕上具有颜色意义的词语，选择词语字体本身的颜色。当两种不同信号同时传给大脑时，会发现很难正确判断词语的颜色。

【操作步骤】

（1）按下任意键启动游戏，按下绿色键进入单人游戏，按下红色键进入双人游戏。

（2）观察屏幕上出现的具有颜色意义的词语，选择词语字体本身的颜色，按下相应颜色的按钮。

（3）回答正确加分，回答错误减分。

（4）游戏结束后查看成绩。

【注意事项】请爱护展项装置，轻按按钮。

展项名称 瀑布声音错觉

展项设计

【展示目的】参观者通过对不同场景下同一声音的判断，了解人类的认知是通过不同感官共同对外界信息进行综合辨析获取的。

【展项描述】本展项上方聚音罩内会播放一段声音，通过展板设置下雨天和厨房烤肉两个不同的场景。

【原理与知识】大脑通过综合所有的感觉信息来了解周围的环境，从而做出判断。如果我们单纯靠声音来判断事物会觉得比较困难，大脑就会汇集多种感觉信息，如把视觉信息和听觉信息联系起来，综合感知周围环境并做出判断。在多种感觉信息相互联系和相互影响的作用下，人们有可能会做出不同的判断。

操作指南

【学习方式】通过体验的方式进行学习。

【现象描述与操作步骤】聚音罩内会自动播放一段声音，参观者站在下雨天的展板前，受到展板上信息的暗示，会把听到的声音认为是倾盆大雨的声音；当参观者站在有锅和烤肉的展板前，可能分辨出的声音为烤肉时发出的嘶嘶声。

展项名称 星星临摹

展项设计

【展示目的】参观者通过临摹星星的游戏，体验程序记忆的效果。

【展项描述】本展项分为追踪三角形和追踪星星两个游戏。展台前面有一面镜子，展台上有可以临摹的三角形和五角星。

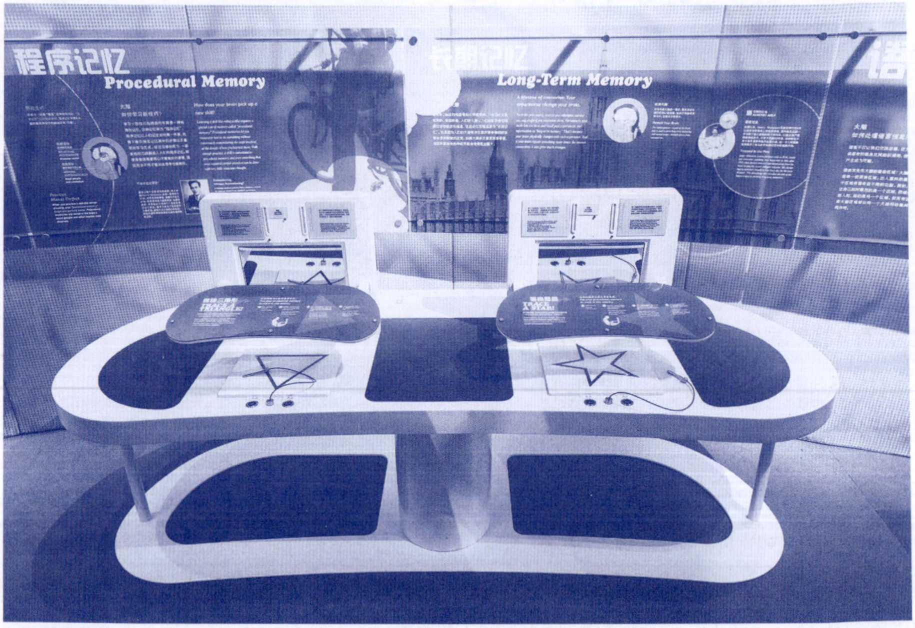

【原理与知识】程序记忆，是一种惯性记忆，也是非陈述性记忆（Nondeclarative Memory），又被称为技能记忆，是指如何做事情的记忆，包括对知觉技能、认知技能、运动技能的记忆。程序记忆是关于如何做某事或关于刺激与反应之间联系的知识。程序记忆需要重复练习才能逐步形成，通过练习，我们可以轻松地完成一件我们已经掌握如何去做的事，这就是程序记忆的作用。程序记忆是指对动作的记忆，如骑脚踏车、游泳等，这属于内隐记忆，这种记忆储存在基底神经节等区域，通常不容易被改变，而且一旦内化，就可能非常持久，形成类似“无意识”的行为。在练习描绘“镜画”的活动中，程序记忆能让参观者越做越好，通过足够的练习，一项新的技巧就进入了人们的程序记忆当中。

操作指南

【学习方式】通过体验的方式进行学习。

【现象描述】参观者看着镜子进行临摹，第一次会出现多次错误，但经过多次练习后，大脑形成程序记忆，临摹过程中错误减少。

【操作步骤】

（1）按下第一轮的按钮，拿起钢笔放在面板下面。

（2）看着镜子，沿着线路临摹三角形或五角星。

（3）笔碰到轨迹外时，上方犯规提示灯会亮起，旁边红色LED灯柱会记录犯规次数。

（4）按下第二轮的按钮，进行第二轮体验。

展项名称 堆叠游戏

展项设计

【展示目的】参观者通过汉诺塔游戏体验如何解决问题，锻炼其自身逻辑推理能力。

【展项描述】展台上有2套柱子，左边是初级汉诺塔游戏，右边是高级汉诺塔游戏。每套柱子有3根，每套柱子上堆叠有颜色、大小各不相同的空心方块，初级游戏有3块方块，高级游戏有4块方块。

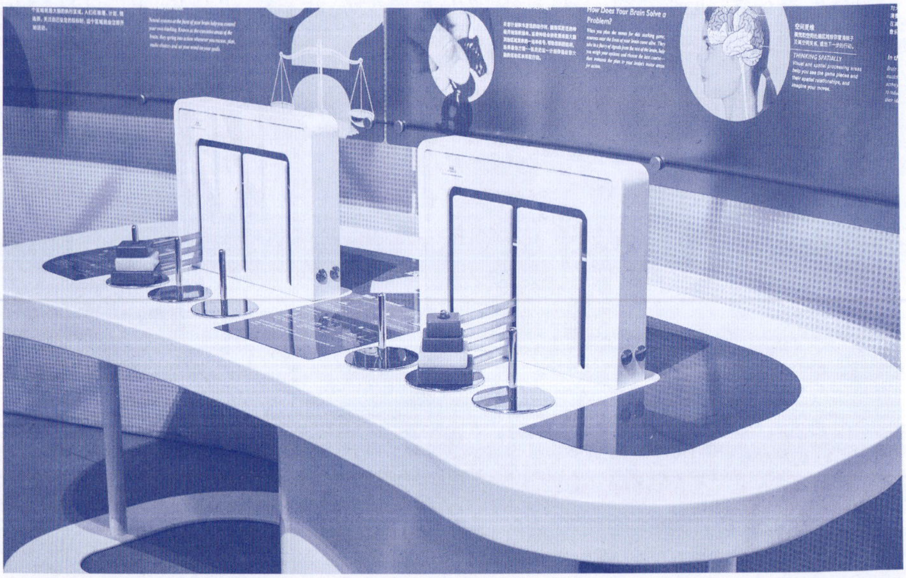

【原理与知识】生成性计算、概念融合、运用精神符号、抽象思维，这是人类特有的四种智力特征，正是它们让我们的思维有别于动物。研究表明，人们在做推理、计划、选择时，脑前区的神经就会活跃起来，帮助人们控制思维活动，帮助斟酌选项，选择最佳方案。按汉诺塔的规则，最少移动步数x与圆盘数量n之间的关系是$x=2^n-1$。为了达到最少移动步数，参观者需要提前规划行动步骤，从多次试错当中找出规律，从而锻炼参观者的逻辑推理能力。

操作指南

【学习方式】通过体验的方式进行学习。

【现象描述与操作步骤】

（1）把所有的方块由下至上、从大至小放到左边的柱子上。

（2）每次移动1个方块。

（3）以最少的步骤把所有的方块由下至上、从大至小放到右边的柱子上。

（4）可把较小的方块放到空柱子上或放到较大的方块上，但不能把较大的方块放至较小的方块上。

【注意事项】移动方块时请勿用力过猛。

展项名称 心理旋转

展项设计

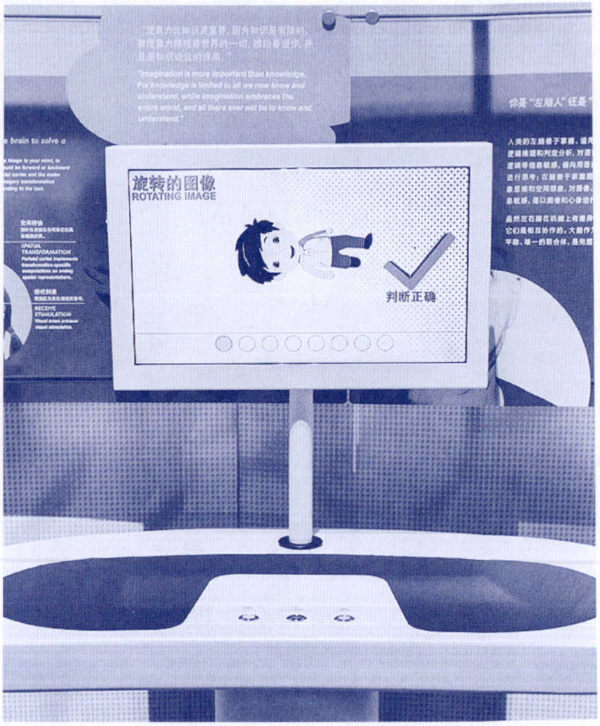

【展示目的】通过游戏的方式测试参观者的形象思维能力。

【展项描述】本展项由多媒体屏幕及操作台组成，操作台上设置互动按钮。

【原理与知识】心理旋转（Mental Rotation），又被称为心智旋转，是一个认知心理学术语，是指人在头脑中运用“心理表象”对物体进行二维或三维旋转的想象过程，是一种评定空间想象力的重要标尺。当某人提起你熟悉的朋友名字时，即使这位朋友不在眼前，你的脑海中也会浮现出朋友的形象，这种现象就是心理表象，以此表象为基础而产生的一种奇异现象，就是有趣的心理旋转。例如，我们倒着拿书本，每读一个字，它在大脑中的表象就会有一个180° 的心理旋转。这种靠想象力把头脑中的表象进行旋转的活动，有助于提高形象思维能力。

操作指南

【学习方式】通过体验的方式进行学习。

【现象描述】 参观者根据多媒体画面进行互动体验。多媒体画面呈现物体正向和反向的图片，图片会旋转至不同角度。

【操作步骤】

（1）按绿色开始键启动游戏。

（2）进入初级游戏，记住2张图片中物体的方向。

（3）图片会旋转至不同角度，在规定时间内判断图片的正反，并用按钮选择。

（4）游戏结束后查看成绩。

（5）初级游戏结束后，可进入高级游戏。

【注意事项】请爱护展项装置，轻按按钮。

下篇

专项教育活动的设计与实施

苏联著名教育实践家和教育理论家瓦·阿·苏霍姆林斯基（B.A. Cyxomjnhcknn，1918—1970）曾说过：“人的内心里有一种根深蒂固的需要——总想感到自己是一个发现者、研究者、探寻者，在儿童精神世界中，这种需要特别强烈。”1999年至今，我国经历第八次课程改革。2001年，教育部印发《义务教育课程设置实验方案》，并首次颁布了小学科学学科的国家课程标准，倡导“自主、合作、探究”的教学理念，强调科学课程教学要为学生的探究式学习创造条件，促进学生主动探究。科学探究是人们探索和了解自然、获得科学知识的重要方法。从科学课程的性质而言，探究式学习是学生学习科学的重要方式。小学科学课程所倡导的探究式学习，是指学生在教师的组织、支持和指导下，体验和经历科学探究的过程，是合理利用资源，积极主动地获取科学知识、领悟科学思想、学习科学方法而进行的科学学习活动。作为一种学习方式，探究式学习让学生像科学家那样去经历科学探究的过程。2022年，《义务教育课程方案和课程标准（2022年版）》的颁布，标志着第八次基础教育课程改革迈入了新的阶段。《义务教育科学课程标准（2022年版）》传承我国科学教育的历史经验，顺应国内外科学教育的发展趋势，针对我国科学教育的实际需求，把包括科学观念、科学思维、探究实践、态度责任等方面在内的学科核心素养作为科学课程培养目标，帮助学生在学习科学课程的过程中逐步形成适应个人终身发展和社会发展所需要的正确价值观、必备品格和关键能力，体现科学课程的育人价值。

广东科学中心的展项资源和科普专家资源的整合，为小学科学课程的创新提供了一个新的方式。近年来，广东科学中心联合广州市小学科学教学研究会组织部分骨干教师，利用广东科学中心的资源，开发了包括主题科学之旅、专项探究活动、开放实验室和科学探究（研学）营地活动等系列专项教育活动项目，提供给各年龄段的小学生进行探究学习，让他们像科学家那样，经历对自然现象或科学现象进行观察、提出问题、进行猜想或做出假设、设计实验并进行实验、收集数据，并对实验结果进行分析论证，对探究的过程进行评估，最后进行表达交流的过程。

这些探究活动，让学生在辅导员的指导下，以问题为导向，亲历问题的解决过程。在此过程中，学生既学习了一些科学知识，还掌握了一些基本的科学方法，如如何提出问题、如何提出假设进行实验验证等，这将有助于提高学生的科学素养。

3 小学主题科学之旅系列

小学主题科学之旅一览表

适合年段	活动主题	活动场所
中年级	仿生发明	“儿童天地”展馆
	非仿生发明	“儿童天地”展馆
高年级	有趣的传动机械	“儿童天地”展馆
	滑轮的秘密	“实验与发现”展馆
	能量的转化	“实验与发现”展馆
	有趣的力学游戏	“实验与发现”展馆

3.1 仿生发明

活动指南

一、活动对象：3~4年级学生

二、活动人数：最佳15~20人，分为5组

三、活动时间：40分钟

四、活动目标

知识与技能：能说出魔术贴、锯子的工作原理及它们是借鉴什么被发明的。

过程与方法：学生通过展项，尝试利用荷叶的特点去设计新产品，体验仿生发明的方法。

情感、态度、价值观：体验合作的重要性，感受通过实践理解知识的过程。

五、活动材料

辅导员：苍耳、鬼针草的果实或它们的放大图片。

学生：每组3人，每组1份苍耳、鬼针草的果实，3个放大镜。

六、活动过程

活动环节	辅导员活动	学生活动	设计意图	时间
参与	激发学生参与的兴趣，引导学生观察苍耳、鬼针草的果实。 演示并提问：为了让种子传播得更远，苍耳、鬼针草的果实可以紧紧地粘在动物的皮毛、人的衣物上。它们是用什么办法做到的？大家可以互相扔一下苍耳、鬼针草的果实，感觉一下它们如何“抓住”动物的皮毛、人的衣物	将苍耳、鬼针草的果实扔到自己的衣服上，思考它们为什么能粘在衣服上	让学生说出自己的想法	3分钟
探究：刺尖的秘密与魔术贴	引导学生聚焦苍耳、鬼针草果实上的刺，观察苍耳、鬼针草果实上的刺的特点： 1. 请大家观察苍耳、鬼针草的果实上的刺有什么特点。 2. 想一想，刺上的这些小钩碰到动物的皮毛或人的衣物会怎样	按辅导员的指引观察，并互相分享自己的想法	学生通过观察，发现苍耳、鬼针草的果实上都是小钩，并思考这些小钩的作用	10分钟

（续表）

活动环节	辅导员活动	学生活动	设计意图	时间
	引导学生把注意力转移到魔术贴，帮助学生发现魔术贴的发明借鉴了苍耳刺的特征。 1. 仔细观察魔术贴，它与苍耳有什么共同的特点。请在学生工作纸上记录，并与同学分享你的想法。 2. 请体验魔术贴，并说一说魔术贴为什么能便捷地粘在一起			
解释：魔术贴与锯子的发明	设问，引导学生加深理解： 1. 如果魔术贴的两条尼龙带都是小钩或两条都是绒毛圈，可以粘在一起吗？ 2. 为什么？ 进而指引学生参观“鲁班与锯”展项，引导学生解释锯子的原理与发明： 1. 请体验一下锯子锯木头，你知道锯子可以锯木头是因为它具有什么特点吗？请把锯子的特点写出来。 2. 鲁班为什么能发明锯子	观察、体验、记录并互相分享自己的看法。 在学生工作纸上写出锯子的特征。 在学生工作纸上回答并分享自己的看法	让学生了解一条魔术贴的小钩能紧紧地“抓住”另一条的绒毛圈，所以能便捷地粘在一起。 通过体验锯子，去思考锯子的工作原理并了解发明的过程	15分钟
延伸	引导学生提炼仿生发明的方法： 1. 魔术贴和锯子的发明都借鉴了什么？ 2. 想不想也借鉴某种生物的特点去尝试发明？ 3. 请在学生工作纸上写出荷叶的特点，不少于3个。 4. 所写的荷叶特点中，有哪些特点在设计一些产品时可以借鉴	与同学分享自己的理解。 在学生工作纸上记下想法。 利用荷叶的特点去设计新产品	让学生体验“仿生发明”，培养其发明的思维	10分钟
评价	1. 判断生活中的仿生发明。 2. 表述参与本次活动的感受	在学生工作纸上根据自己的理解作判断。 涂星表达自己的感受	了解学生对仿生发明的掌握情况	2分钟

学校________________

姓名________________

主题：仿生发明

前言：发明好像都是科学家的事，离小学生很遥远，但其实发明很简单。今天我们就来看看以前的科学家或普通人，他们是如何发明出伟大物品的，让我们来一次说走就走的发明之旅。

推荐参观展项

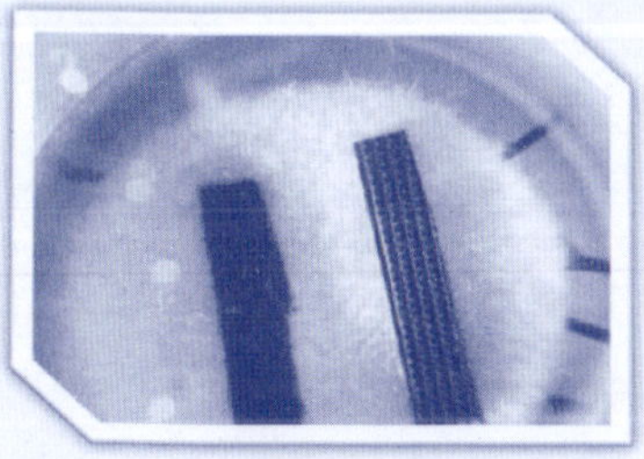

魔术贴

鲁班与锯

观察与思考

1. 苍耳和魔术贴有什么共同特点?

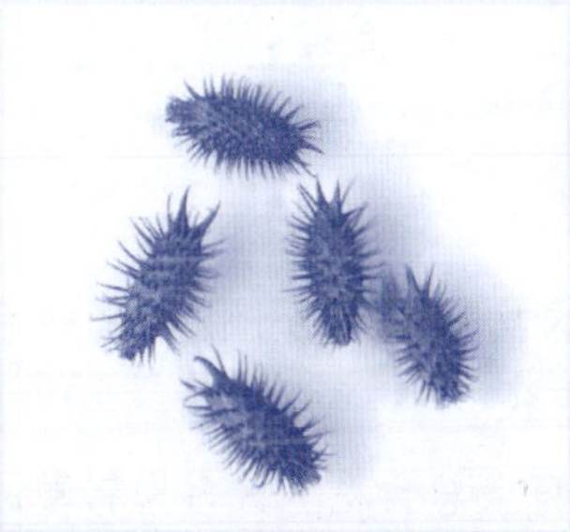

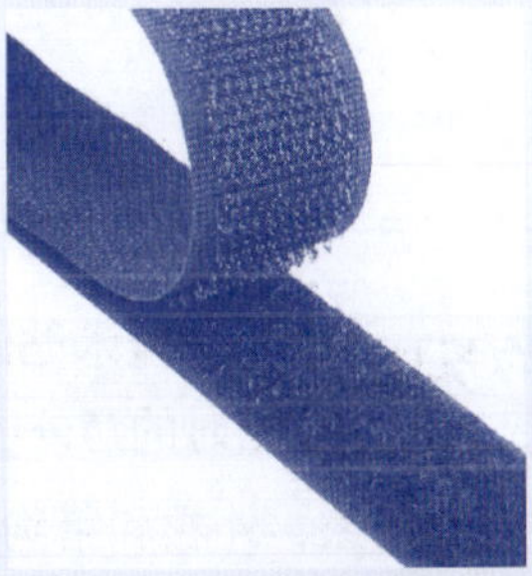

2. 参观完“鲁班与锯”展项，你知道锯子可以锯木头是因为它具有什么特点吗?请把它的特点写下来。

3. 鲁班发明了锯子，是因为（　　　　）。

A. 要采伐大量木材　　B. 他受到了被带齿的草叶割伤手的启发　　C. 他是能工巧匠

拓展

1. 请写出荷叶的特点，不少于3个。

2. 以上所列的荷叶特点中，有哪些特点在设计一些产品时可以借鉴？

我的心情指数：

兴趣：☆☆☆☆☆　　收获：☆☆☆☆☆

魔术贴的发明

魔术贴的发明源自瑞士工程师乔治·德·梅斯特拉尔打猎时的意外收获。

乔治每次打猎回家，外衣和猎狗身上总会粘上许多鬼针草的果实，需费劲才能剥离下来。他发现果实长有小钩子一样的芒刺，正是它紧紧地粘在了衣物上。他从中受到启发，于1957 年发明了魔术贴。

魔术贴由两条尼龙带组成，一条上面织满绒毛圈，另一条上布满带弹性的弯钩，粘上就牢、一拉就开，可以便捷、牢靠地固定衣物。

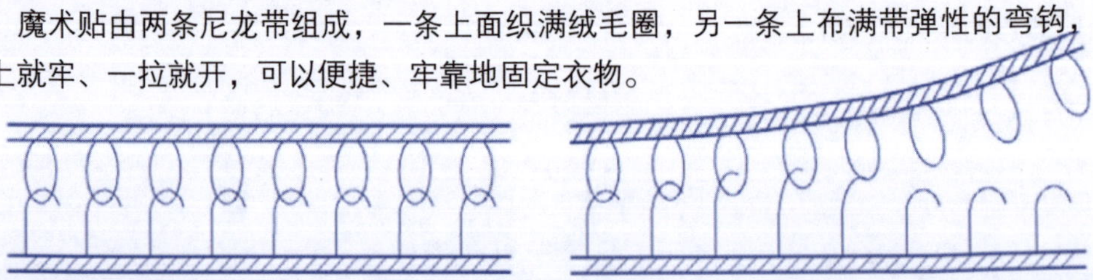

3.2 非仿生发明

活动指南

一、活动对象：3～4年级学生

二、活动人数：最佳15～20人，分为5组

三、活动时间：40分钟

四、活动目标

知识与技能：能说出拉链、瓦特蒸汽机的工作原理及它们解决了什么核心问题。

过程与方法：学生通过展项，尝试利用磁铁的特点去发明新玩具或游戏，体验发明的方法。

情感、态度、价值观：体验合作的重要性，感受通过实践理解知识的过程。

五、活动过程

活动环节	辅导员活动	学生活动	设计意图	时间
参与	为了解决长筒靴子扣子太多，穿脱费时、费力的问题，19世纪末美国机械师贾德森发明了最早的拉链。到今天拉链已经被广泛应用于衣、裤、鞋、袋等。你知道拉链是如何工作的吗	听讲解，了解拉链的历史	让学生了解拉链发明的过程。引导学生将注意力聚焦到拉链的工作原理上	3分钟
探究：拉链的秘密	请带着以下问题去体验一下拉链的拉开和拉上，在学生工作纸上记录并与同学交流自己的看法： 1. 拉链被拉开，主要是哪部分结构起作用？ 2. 拉链被拉上，主要是哪部分结构起作用？ 3. 它们是如何起作用的	通过"拉链"展项进行探究，在学生工作纸上记录并与同学交流自己的看法	让学生了解拉链的工作原理	15分钟

（续表）

活动环节	辅导员活动	学生活动	设计意图	时间
解释：拉链的工作原理及蒸汽机的改良	1. 辅导员在学生充分讨论的基础上解释：拉链的拉上是使两排联锁齿一个接一个地咬合在一起，拉链的拉开是把咬合在一起的联锁齿一个接一个地分开。为了解决“咬合—分开”的问题，拉链头的内部被设计成由3个楔子组成的“Y”形通道。拉开拉链时，拉链头上面的3个楔子会将咬紧的齿分开；拉上拉链时，下面的2个楔子（“Y”形通道的两边）促使联锁齿咬合。 2. 请大家再次拉一下拉链，体会一下拉链头3个楔子的作用。 3. 辅导员引导：要形成发明就要能解决问题使它能更好地工作，小到拉链，大到引发西方第一次工业革命的蒸汽机。请大家带着问题体验“瓦特与蒸汽机”展项，并把你的想法与同学分享：①蒸汽机是用什么力量推动活塞的；②要使齿轮不断转动，就要使蒸汽来回地推动活塞，蒸汽机怎样改变推动活塞的方向。 4. 辅导员在学生充分讨论的基础上解释：蒸汽机由一个摇臂轴带动内部一个阀门，控制蒸汽推动活塞的方向	听辅导员解释，领悟拉链的工作原理。 以小组为单位，再次拉拉链，理解拉链头3个楔子的作用。 带着问题以小组为单位体验展项，并同其他人分享自己的想法。 听辅导员解释，了解瓦特蒸汽机的工作原理	了解拉链的工作原理。 理解拉链头3个楔子是为解决问题而作出的设计。 通过观察与讨论，理解瓦特对蒸汽机的改良，初步了解蒸汽机是怎样改变推动活塞的方向的。 加深学生对蒸汽机工作原理的认识	10分钟
延伸	引导提炼发明的方法： 1. 以上拉链与蒸汽机的发明分别解决了什么问题？ 2. 在日常生活中我们了解了某种物品或科学现象时，要主动去思考，可以利用它来解决什么问题。如两块磁铁在靠近时也会产生力（相互吸引或相互排斥），你能利用这个力设计一个玩具或游戏吗	与同学分享自己的理解。 利用磁铁的特点设计新玩具或游戏	体验发明中的解决问题思路，培养发明的思维	10分钟
评价	表述参与本次活动的感受	涂星表达自己的感受	了解学生对非仿生发明的掌握情况	2分钟

学校________________

姓名________________

主题：非仿生发明

"儿童天地"展馆

推荐参观展项

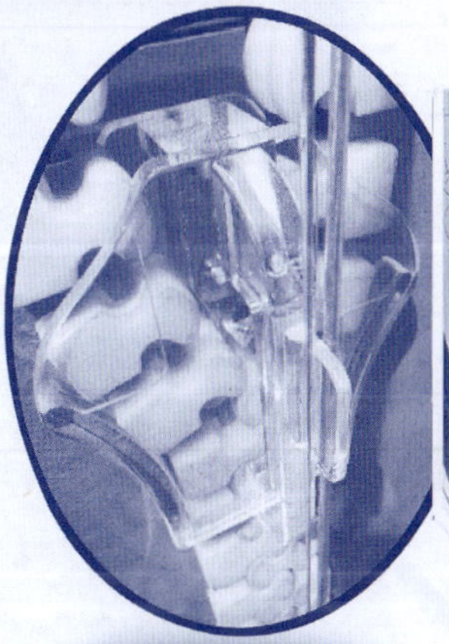

拉链

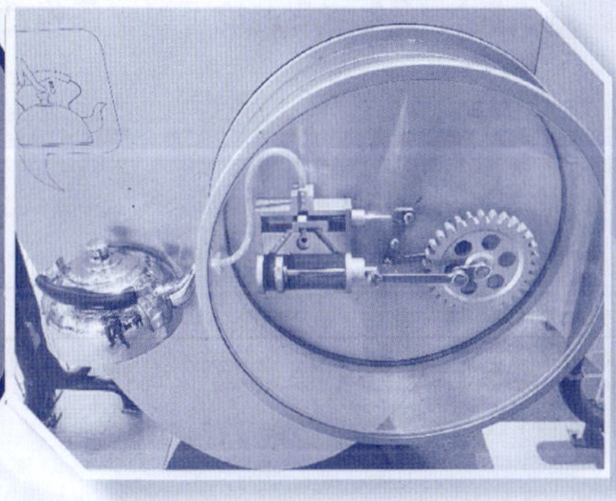

瓦特与蒸汽机

观察与思考

1. 拉链的哪部分结构使它能拉上？请在图中圈出来。

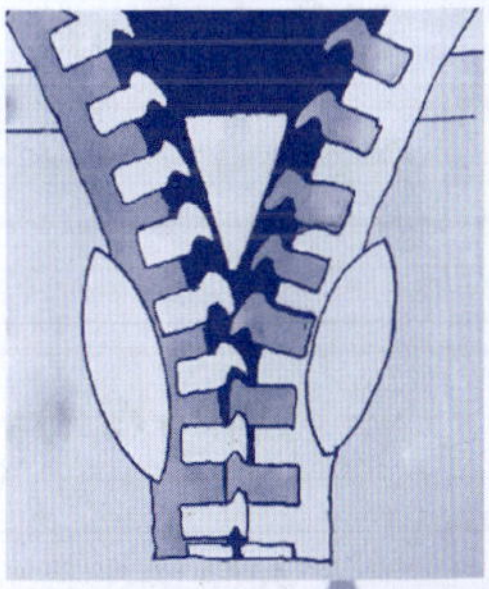

2. 该结构是怎样使拉链拉上的？

3. 拉链的哪部分结构使它能拉开？请在图中圈出来。

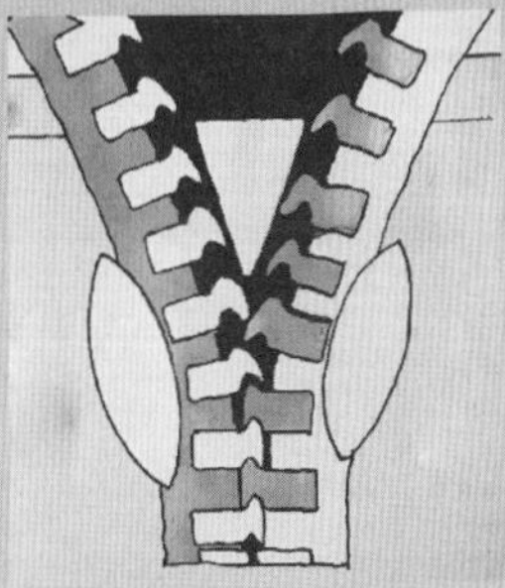

4. 该结构是怎样使拉链拉开的？

5. 瓦特改良的蒸汽机通过什么使蒸汽机可以来回推动活塞？

拓展

两块磁铁在靠近时也会产生力（相互吸引或相互排斥），你能利用这个力设计一个玩具或游戏吗？

我的心情指数：

兴趣：☆☆☆☆☆　　收获：☆☆☆☆☆

拉链的发明

拉链的出现起初只是为了解决人们穿脱长筒靴费时、费力的问题。19世纪末流行的长筒靴扣子太多，穿脱都非常费时。美国机械师贾德森看到木匠用带有间齿的木板拼接箱子缝而受到启发，发明了最早的拉链，使得穿、脱长筒靴更为方便。到1913年，森贝克从铁匠铺吊挂饭勺的方式获得灵感，把拉链的齿部改成勺斗状，使拉链变得更牢固，并得到广泛应用。

3.3 有趣的传动机械

活动指南

一、活动对象：5~6年级学生

二、活动人数：最佳15~20人，分为5组

三、活动时间：45分钟

四、活动目标

知识与技能：认识齿轮、链条、皮带、连杆等传动部件，知道一个转动的轴要传递力到另一个轴上要使用这些机械。

过程与方法：学生通过观察、实验认识齿轮、链条、皮带、连杆等传动机械传递力的方法。

情感、态度、价值观：体验合作的重要性，感受通过实践理解知识的过程。

五、活动材料

“拼齿轮”“磁力转盘”“接气缸”展项。

六、活动过程

活动环节	辅导员活动	学生活动	设计意图	时间
引入	引导学生观察“拼齿轮”“磁力转盘”“接气缸”展项，让学生找找其中不同的转轴是通过什么传递动力的	观察了解3个不同的展项，分别找出传递动力的方法和机械，即找找齿轮、链条、皮带、连杆这4种传动机械在哪里	让学生对几种不同的传动机械有初步的认识	5分钟
探究1：拼齿轮	1. 介绍“拼齿轮”展项的齿轮的拼装方式 2. 学生尝试动手操作，试试如何把中间红色齿轮的动力传递到左上角的黄鱼和右上角的绿蛙齿轮。 3. 尝试成功的小组将自己的设计方案画在纸上	认真看齿轮的拼法。 动手尝试拼齿轮，传递动力。 把自己小组的设计方案画在纸上	让学生认识齿轮是一种很常见的动力传递机械	10分钟

（续表）

活动环节	辅导员活动	学生活动	设计意图	时间
探究1：拼齿轮	研究齿轮的数量与转动方向的关系	数数自己所用齿轮的数量，看看第一个红色齿轮与最后一个齿轮转动方向是否一致	在主动轮的转动方向一致的情况下，奇数个与偶数个齿轮最后一个齿轮的转动方向不同	5分钟
探究2：磁力转盘	演示“磁力转盘”展项的操作方法，引导学生动手操作与观察	动手操作并仔细观察，发现磁力转盘之间没有实质性的接触，仅通过磁铁的磁力传递动力	了解反冲力的应用	5分钟
探究3：接气缸	演示“接气缸”展项的操作方法	分小组动手操作接气缸，在气缸被推动时观察压缩空气推动圆柱形的活塞通过哪些装置带动铁球上升	认识连杆和链条都是动力传递时常用的机械	5分钟
拓展	指导学生完成最后一道题目，并引导其设计一个能传递动力的机械	完成最后一道题目，自主设计一个能传递动力的机械，在图中用自己喜欢的机械传递动力	检查学生对各种传递动力机械的掌握程度	12分钟
总结	总结这次活动认识的4种传动机械	表述参与本次活动的感受，涂星表达自己的感受	总结本次活动内容	3分钟

主题：有趣的传动机械

"儿童天地"展馆

推荐参观展项

拼齿轮

磁力转盘

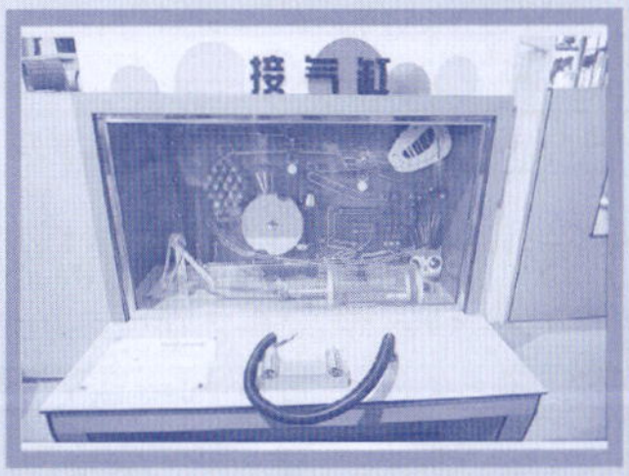

接气缸

在机械部件中经常要用到齿轮、链条、皮带、连杆等传动机械将力传递到别的部件，请在3个展项中找出它们的位置。

"拼齿轮"展项：

你能设计一个齿轮组，用中间红色的齿轮去控制左上角的黄鱼或者右上角的绿蛙吗？请将你的设计图画在下方。

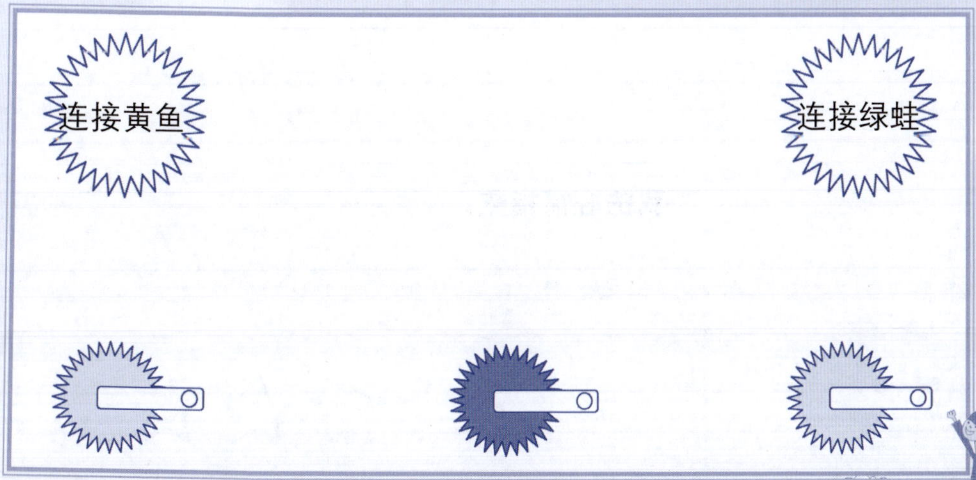

需要用到多少个齿轮？第一个和最后一个齿轮转动的方向一致吗？

"磁力转盘"展项:

同样是传动机构，磁力转盘之间有没有相互接触？那它们是靠什么传输动力的？(　　)

A. 皮带的摩擦力　　B. 磁铁的磁力　　C. 链条的咬合力　　D. 齿轮的咬合力

"接气缸"展项:

压缩空气推动圆柱形的活塞再通过______和______带动铁球上升，这与"拼齿轮"上带动绿蛙的机构一样。

A. 齿轮　　B. 连杆　　C. 链条　　D. 皮带

拓展

下图中有2个旋转的轴，请你设计一个装置把A轴旋转的动力传递到B轴上。

可用装置	 齿轮  链条  皮带  连杆
设计简图	

除了推荐的展项，还欢迎你参观其他展项！

我的心情指数：

兴趣：☆☆☆☆☆

收获：☆☆☆☆☆

3.4 滑轮的秘密

活动指南

一、活动对象：5～6年级学生

二、活动人数：最佳15～20人

三、活动时间：约45分钟

四、活动目标

知识与技能：动滑轮可以省力，定滑轮可以改变用力方向。

过程与方法：学生通过体验“滑轮”展项认识滑轮，通过拉动“滑轮”展项装置感受动滑轮和定滑轮的作用。

情感、态度、价值观：体验合作的重要性，感受通过实践理解知识的过程。

五、活动材料

辅导员：起重机的图片。

学生：学生工作纸。

六、活动过程

活动环节	辅导员活动	学生活动	设计意图	时间
参与	1. 引领学生参观“滑轮”展项。 2. 请学生轮流尝试把展项中的重物拉起。 3. 请两位学生分别测试定滑轮和动滑轮所用的力量并请全体学生一起记录	1.观察并了解装置的结构。 2. 感受动滑轮与定滑轮拉起同样的重物所需要的力量。 3. 测量定滑轮和动滑轮拉起重物所用的力量并作记录	提出问题，引导学生对问题展开猜想与假设，了解学生的前概念	5分钟
探究	1. 是什么原因造成用不同的力都能拉起同样的重物? 2. 请学生观察展项，把它们的不同之处找出来，画在纸上	1. 思考。 2. 画下2个展项的不同之处	认识动滑轮和定滑轮	12分钟
解释	分别用动滑轮和定滑轮提起1瓶水，记录所需要的力。 指导该如何装配好定滑轮和动滑轮，然后把1瓶水提起	动手测量。 归纳出定滑轮和动滑轮的作用	通过实验知道定滑轮不能省力，动滑轮能省力	12分钟
延伸	提出挑战任务： 用不多于提起3 000克重物的力，提起10瓶水（总重5 000克）	用刚才所学的知识尝试完成辅导员的挑战任务	把刚才所学的知识运用到实践中	10分钟
评价	结合工作纸，指导学生掌握起重机的滑轮工作原理	完成学生工作纸的问题	检测学习成果	5分钟

注：前三部分为在展馆开展的活动，后两部分为在探究室内开展的活动。

学校________________

姓名________________

主题：滑轮的秘密

"实验与发现"展馆

看一看 观察"滑轮"展项中左一、左二2个装置，找出滑轮在什么地方，请在下面图里圈出来。

（左一）

请找出滑轮的位置。

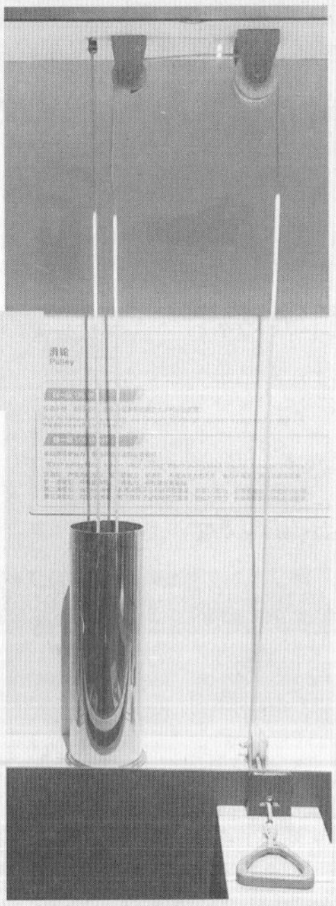

（左二）

想一想 各组滑轮分别起到什么作用?

我的发现：

左一装置的滑轮是（固定/可移动）的。

左二装置的滑轮是（固定/可移动）的。

我的猜想：

知识小助手

不能移动位置的滑轮叫定滑轮。
可以移动位置的滑轮叫动滑轮。

我的体验

定滑轮的秘密

用力的大小	拉绳的距离

动滑轮的秘密

用力的大小	拉绳的距离

请连接

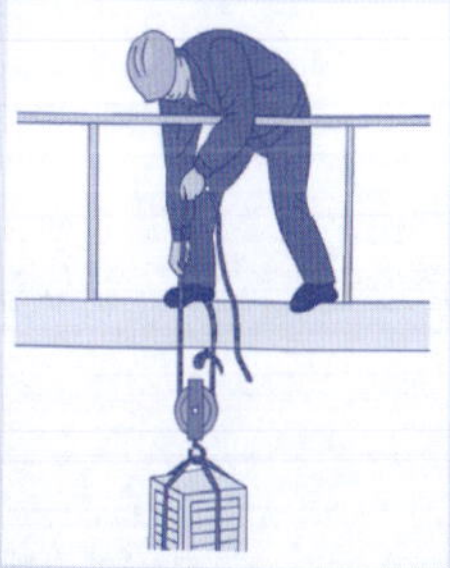

定滑轮

动滑轮

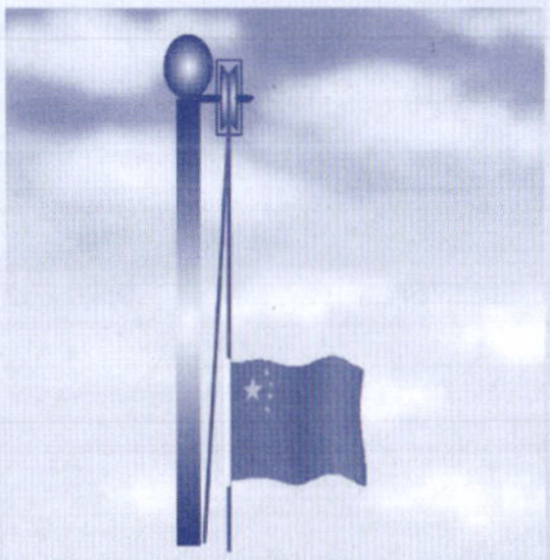

我的心情指数：

兴趣：☆☆☆☆☆

收获：☆☆☆☆☆

3.5 能量的转化

活动指南

一、活动对象：5～6年级学生

二、活动人数：最佳15～20人，分为5组

三、活动时间：约45分钟

四、活动目标

知识与技能：能量既不会凭空产生，也不会凭空消失，只能从一个物体传递给另一个物体，或者在能量的形式之间相互转化，这被称为能量守恒定律。

过程与方法：通过观察“能量轨道”和“魔力水车”展项了解能量守恒定律。

情感、态度、价值观：体验合作的重要性，感受通过实践理解知识的过程。

五、活动材料

每组3～4人，每组1张学生工作纸。

六、活动过程

活动环节	辅导员活动	学生活动	设计意图	时间
参与	引导学生观察“能量轨道”展项，并介绍使用方法。 演示并介绍：这是能量轨道的装置，在轨道的凹槽里可以放置小球，小球可以在轨道内自由运动。 提问：试试把小球放在*A*、*B*、*C*、*D*四个点上，小球会怎样运动呢	观察并了解装置的结构。 小组讨论，并在学生工作纸上以图画的方式记录自己的猜想：小球放置在*A*、*B*、*C*、*D*四个点上是运动还是静止	提出问题，引导学生对问题展开猜想与假设，了解学生的前概念	3分钟
探究：能量轨道	1. 说说你们的猜想及理由。 2. 小组活动：分小组展开测试，引导学生观察并记录小球的运动状态	分小组汇报自己的猜想，并说出自己的理由	引导学生结合自己的生活经验表达自己的想法	10分钟

（续表）

活动环节	辅导员活动	学生活动	设计意图	时间
	3. 说一说你们的发现。 把你们的记录拿到前面来，向大家介绍你的发现。 4. 和你们的猜想一样吗？ 5. 再次演示并提问：为什么把小球放在不同的地方，会有不同的运动状态？ 6. 追问：为什么小球从*B*点和*C*点下落到底部后还能继续向上运动	观察并记录小球的运动状态。 预测回答： *A*点：静止 *B*点：运动 *C*点：运动 *D*点：静止 因为重力作用，小球会从高处落向低处	引导学生通过反复实验观察，记录实验结果，并思考	
解释：魔力水车	1. 辅导员解释：能量既不会凭空产生，也不会凭空消失，只能从一个物体传递给另一个物体，或者在能量的形式之间相互转化，称为能量守恒定律。小球在光滑轨道运动过程中的能量转化遵循能量守恒定律，动能和势能相互转化，总能量不变。 2. 观察“魔力水车”的运动。 （1）推测：是什么动力使水车不停地转动？ （2）“魔力水车”在没有外力的作用下不停转动着。请仔细观察“魔力水车”的金属片的变化并记录。 （3）说说你们的发现。 3. 小结。 “魔力水车”的叶片在不同温度时的形状不同。当叶片进入液槽后，槽里液体温度约60摄氏度，叶片会变为60摄氏度时的形状；当叶片离开液面冷却后，它会恢复到低温时的形状。叶片形状变化的过程中对液体有一个作用力，液体对叶片的反作用力就使轮子旋转起来。 根据能量守恒定律，液体的内能转化成了动能推动水车不停地运动	倾听并思考。 结合自己的生活经验进行猜测。 预测回答：电动的…… 分小组观察并记录	引导学生通过“魔力水车”装置进一步认识能量的转化	25分钟
延伸	说一说你知道哪些能量转化的示例	举例	了解能量转化的实例	2分钟
评价	判断生活中的能量转化现象	阅读学生工作纸最后的选择题并做出相应的判断。 涂星表达自己的感受	检查学生对能量转化的掌握程度	3分钟

主题：能量的转化

"实验与发现"展馆

试一试 把小球放在 *A*、*B*、*C*、*D* 四个点上，小球的运动状态如何？

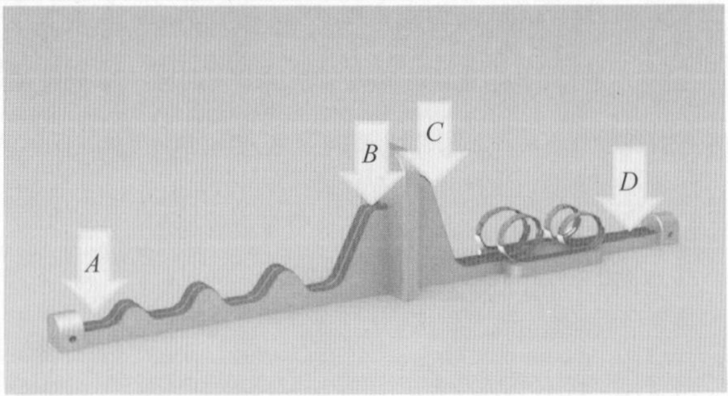

我的观察记录：

A 点: 运动（　）静止（　）

B 点: 运动（　）静止（　）

C 点:运动（　）静止（　）

D 点：运动（　）静止（　）

想一想 为什么把小球放在不同的地方，会有不同的运动状态？

我的猜想：

知识小助手

能量既不会凭空产生也不会凭空消失，但可以在能量形式之间相互转化。小球在光滑的轨道运动过程中发生了动能与势能的相互转化。

想一想

“魔力水车”在没有外力的作用下，为什么会不停地转动？

我的猜想：

仔细观察，“魔力水车”浸在液体中的叶片形状与顶部的叶片形状一样吗？

请在下图空白处画出叶片的形状。

知识小助手

“魔力水车”的叶片在不同温度时的形状也不同。当叶片进入液槽后，槽里液体温度约60摄氏度，叶片会变为60摄氏度时的形状；当叶片离开液面冷却后，它会恢复到低温时的形状。叶片形状变化的过程中对液体有一个作用力，液体对叶片的反作用力就使轮子旋转起来。

我的判断：

“魔力水车”在运动过程中是将内能转化为(　　)。

A. 动能　　B. 势能
C. 生物能　　D. 太阳能

3.6 有趣的力学游戏

活动指南

一、活动对象：5～6年级学生

二、活动人数：最佳15～20人，分为5组

三、活动时间：约45分钟

四、活动目标

知识与技能：一个物体从另一个物体里喷出时，会产生一个与喷出方向相反的推力，叫反冲力。

过程与方法：学生通过观察“排斥”展项认识反冲力，通过组装“气球小车”理解反冲力的特征。

情感、态度、价值观：体验合作的重要性，感受通过实践理解知识的过程。

五、活动材料

气球、小车、连接材料、学生工作纸。

六、活动过程

活动环节	辅导员活动	学生活动	设计意图	时间
参与	引导学生观察“排斥”展项，并介绍使用方法。 演示并介绍：这个装置里有许多管道，外侧的管道里有小球，当我们转动手轮时，会有小球从内侧的管道口落下来。 提问：仔细观察并想一想，小球从管道口落下来后，会朝哪个方向运动？管道会发生怎样的运动	观察并了解装置的结构。 小组讨论，并在学生工作纸上以画图的方式记录自己的猜想：小球和管道的运动方向	提出问题，引导学生对问题展开猜想与假设，了解学生的前概念	3分钟
探究：转动的管道	1. 说说你们的猜想及理由。 2. 演示：辅导员转动手轮，引导学生观察并记录小球和管道的运动方向	分小组汇报自己的猜想，并说出自己的理由。 观察并记录小球和管道的运动方向	引导学生结合自己的生活经验表达自己的想法	10分钟

（续表）

活动环节	辅导员活动	学生活动	设计意图	时间
	3. 说一说你们的发现。 把你们的记录拿到前面来，向大家介绍一下你的发现。 4. 和你们的猜想一样吗？ 5. 再次实验：每个小组亲自尝试一下	观察现象：小球落下来后会顺着管道口方向运动，而管道会朝相反的方向转动。 有的运动方向一样，有的不一样。 以小组为单位再次摇动手轮观察小球和管道的运动方向。结果与辅导员演示相同	引导学生通过反复实验观察，记录实验结果，并思考	
解释：组装气球小车	1. 辅导员解释：小球在被甩出的同时，对管道有一个反方向的推力，推动管道沿与小球相反的方向转动，这个力叫作反冲力。 2. 观察气球运动的方向。 把一个气球吹起来，松开气球口会有空气喷出来，气球会朝哪个方朝运动？ 当空气从气球口喷出来时，气球会朝气体喷出相反的方向运动。这也是反冲力。 3. 让小车前行。 （使用材料：气球、小车、连接材料）我们利用反冲力的原理，尝试用这些材料让气球带动小车向前行驶。你会怎样设计装置？ 如果让小车前行，气球口应朝着哪个方向？为什么？ 4. 一个物体从另一个物体里喷出时，会产生一个与喷出方向相反的推力，这个力叫反冲力	倾听并思考。 判断并回答气球运动的方向可能与气体喷出的方向相反。 分小组依据材料设计制作方案。 介绍自己的设计方案。 气球口要朝着小车的后方，当气体喷出时，小车会朝相反的方向（前方）行驶	引导学生通过“排斥”展项认识反冲力 通过组装气球小车活动进一步认识反冲力	25分钟
延伸	说一说你知道哪些反冲力应用的案例	举例： 喷气式飞机、导弹发射、灌溉用的自动旋转喷水器等	了解反冲力的应用	2分钟
评价	1. 判断生活中的反冲力。 2. 表达参与本次活动的感受	阅读学生工作纸最后的选择题并做出相应的判断。 涂星表达自己的感受	检查学生对反冲力的掌握程度	3分钟

广东科学中心
Guangdong Science Center

科学之旅 学生工作纸

小学高年级

学校________

姓名________

主题：有趣的力学游戏

"实验与发现"展馆

玩一玩 转动手轮将小球送入管道入球口，观察并记录小球和管道的运动方向。（请用箭头在下图中表示小球和管道的运动方向）

想一想 管道是否发生了运动？是什么力量使管道运动起来的？

我的发现：

小球运动的方向与管道的运动方向（　　）。

A. 相同

B. 相反

C. 没有规律

我的猜想：

知识小助手

小球在被甩出的同时，对管道有一个反方向的推力，推动管道沿与小球相反的方向运动，这个力叫作反冲力。

气球里的气体喷出时也会产生反冲力吗？

画一画

请利用气球设计一个可以前行的小车，并画出你的设计图。

我的气球小车设计图

以下生活中的这些现象，哪些与反冲力的原理相似？(　　)

A

B

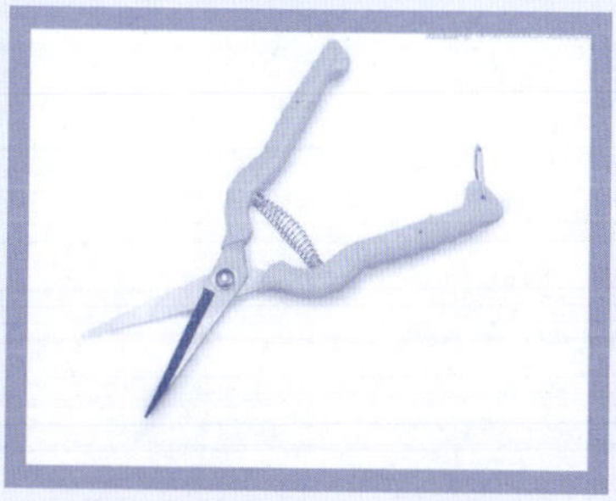

C

我的心情指数：

兴趣：☆☆☆☆☆

收获：☆☆☆☆☆

4 小学专项探究活动系列

小学专项探究活动系列一览表

适合年段	活动主题	活动场所
低年级	了解我们的身体	“人与健康”展馆
中年级	我的晚餐	“儿童天地”展馆
	下落的小球	“实验与发现”展馆
	“摆”兄弟	“实验与发现”展馆
高年级	拱桥	“儿童天地”展馆
	伽利略斜面实验	“实验与发现”展馆
	多像镜成像	“实验与发现”展馆

4.1 了解我们的身体

活动指南

一、活动对象：1～2年级学生

二、活动人数：最佳15～20人，分为5组

三、活动时间：45分钟

四、活动目标

知识与技能：初步认识器官、肌肉和骨骼，了解人体中主要器官的位置、形状和功能。

过程与方法：观看“人体拼装”展项多媒体视频，体验人体器官模型拼装游戏，了解体验式学习方法，提高动手能力和表达能力。

情感、态度、价值观：通过活动，培养乐于与同学讨论并分享自己意见的习惯，激发探求科学、发现新知的兴趣和热情，树立爱自己、爱身体、关爱健康、珍惜生命的人生观。

五、活动材料

“人体拼装”展项的多媒体视频，人体器官模型，印有肌肉、骨骼和器官图片与名称的贴纸和游戏卡片，人体器官模型拼装挂图，学生工作纸等。

六、活动过程

1. 导入。

通过轻松谈话、互动问答的形式，辅导员引出肌肉、骨骼和器官的概念，并区分看得见和看不见的器官。鼓励学生说出更多他们知道的看得见和看不见的器官，并完成学生工作纸的任务一。引入活动主题，了解学生对人体的认知水平，并及时调整后续活动内容。

示例：

问：同学们平时是用什么看东西的？（眼睛）吃东西后食物进入身体哪里了？（胃）我们摸到手臂上软软的是什么呢？（肌肉）用力一点摸到硬硬的又是什么呢？（骨骼）

眼睛和胃都是人体器官，眼睛是我们看得见的器官，胃是人体内部的器官，一般情况下我们看不见。我们摸到手臂上软软的是肌肉，叫前臂肌，硬硬的是骨骼，叫尺骨。

问：同学们能认出给你们的器官贴纸中哪些是看得见的器官？哪些是看不见的器官呢？请将看得见的器官贴在左边的方框里，看不见的器官贴在右边的方框里。

（看得见：眼睛、舌头、手；看不见：大脑、肺、胃）。

2. 活动一：认识人体的骨骼、肌肉和器官，并完成学生工作纸的任务二、任务三。

借助多媒体视频介绍人体的骨骼、肌肉及其形态特征（视时间各挑选2～3个举例）；结合多媒体视频和人体器官模型讲述人体内部主要器官的位置和形状，并简要说出其功能（拼出视频中所有器官的位置，通过人体器官模型展示其三维形状）。

3. 活动二：进行“器官集合”游戏。

辅导员拿出一定数量的卡片，卡片上印有人体骨骼、肌肉和器官图片与名称（含汉字和拼音），随机给每位参与的学生发放一张。组织所有学生围成一圈，席地而坐，辅导员喊“器官大集合”时，所有拿到“器官”卡片的学生站起来并手举卡片，辅导员先确认是否全部站起来的学生都拿到的是“器官”卡片，然后让每位学生轮流说出自己拿到器官的名称、形状、位置等。然后将所持的“器官”图片拼到人体器官模型挂图的相应位置。回收卡片，视时间关系，多次游戏。

4. 交流讨论，分享知识。

辅导员让学生说出在游戏环节中印象最深刻的器官，简要描述它的位置和形状，并完成学生工作纸上任务四，画出印象深刻的器官并写出它的名称。同时，辅导员拓展介绍或引导学生积极讨论器官的有关知识，例如，学生描述“胃”的时候，辅导员适时补充介绍：“胃是我们消化管的扩大部分，俗称‘肚子’。它的形状会因我们所吃食物的性质和多少而变化，食物吃多了它会变大，但它的体积变大是有限度的，过大就会有胀痛感。太冷、太酸等刺激性食物也会令其结构和形状发生相应变化，产生难受的感觉。所以，平时生活中，我们饮食要有规律，定时定量，不暴饮暴食，养成良好的生活习惯，保持身体健康。”

5. 延伸拓展。

让学生自由参与多媒体视频游戏，或者动手拼装人体器官模型，以了解更多辅导员在活动中未提及的器官、骨骼和肌肉等。

辅导员以日常生活中某一行为为例（如读书写字），让学生思考这一行为中用到了哪些器官、肌肉、骨骼等类似问题，引导学生认识到：人体除外在看得见的器官之外，体内还有一般情况下看不见的诸多器官，且各自都有自己独立的功能，共同维系着我们身体的健康。我们要在日常生活中爱惜自己的身体。进一步延伸了解“系统”，即能够完成一种或几种生理功能的多个器官按照一定的次序组合在一起的结构，同一系统内的各器官位置、形状各不相同，功能独立又统一。

布置活动后延伸探究内容，要求学生回家与家长分享当天活动内容及所学知识，建议与家长一起查阅资料了解更多有关肌肉、骨骼和器官的知识及其保健方法。

七、活动评价

根据各参与学生的表现，对活动组织实施及教育效果进行评价，亦可在活动结束时引导学生对当日的活动进行评价。

学校________

姓名________

"人与健康"展馆

主题：了解我们的身体

在我们的身体里藏着很多器官，你认识多少？

任务一：将你知道的人体器官粘贴在对应的位置：

看得见

看不见

任务二：看一看、找一找人体的主要器官及其位置（请在括号里填写相应的数字）

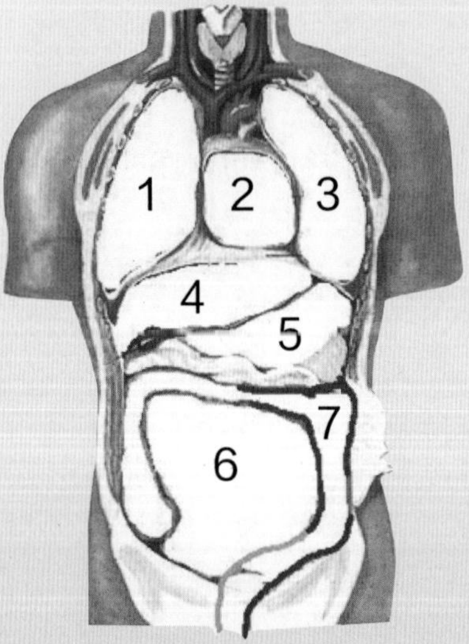

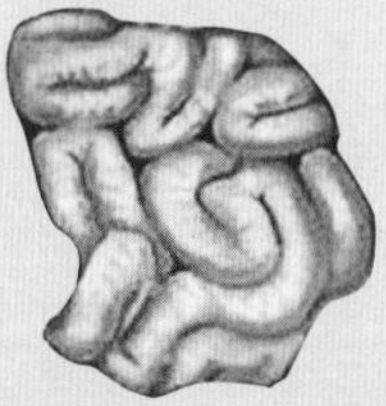

xiǎo cháng
小肠在（　）位置

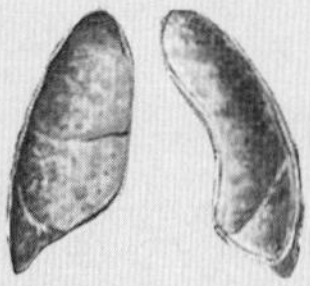

fèi
肺在（　）位置

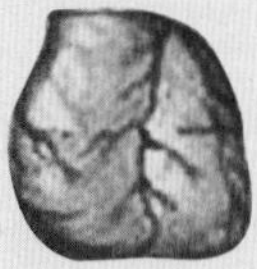

xīn zàng
心脏在（　）位置

gān
肝在（　）位置

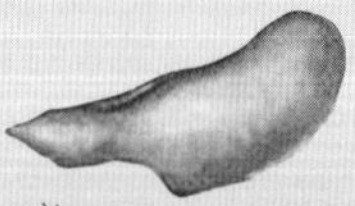

wèi
胃在（　）位置

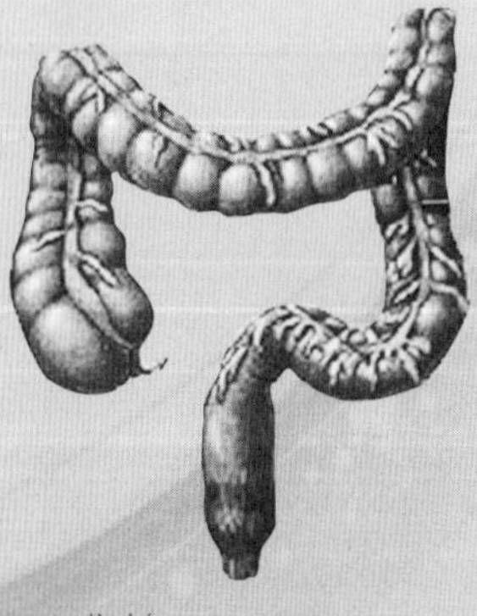

dà cháng
大肠在（　）位置

学习评价

观察：☆☆☆☆☆

讨论：☆☆☆☆☆

合作：☆☆☆☆☆

任务三：在你认为是器官的图片下面打“√”。

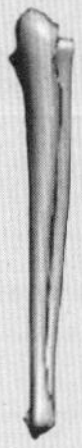

（ ）

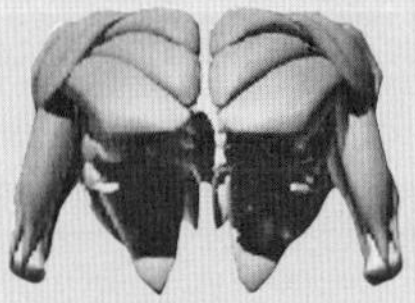

（ ）

（ ）

（ ）

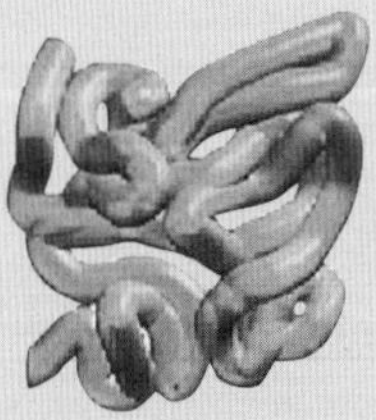

（ ）

（ ）

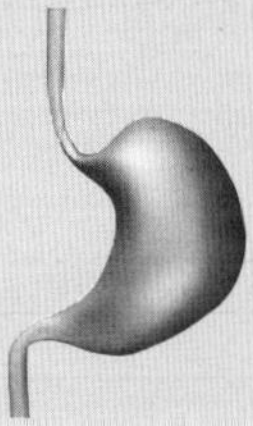

（ ）

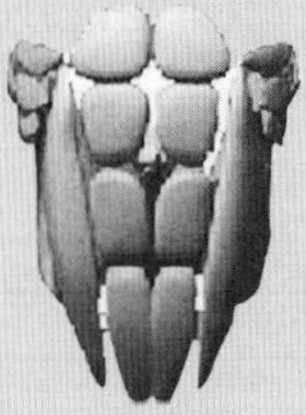

（ ）

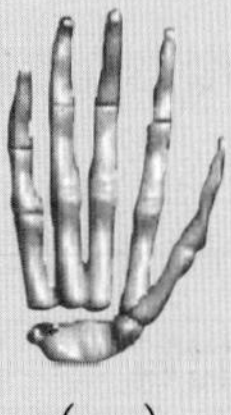

（ ）

任务四：画出你在“器官集合”游戏中印象最深刻的器官，并写出它的名称。

4.2 我的晚餐

活动指南

一、活动对象：3~4年级学生

二、活动人数：最佳15~20人，分为5组

三、活动时间：45分钟

四、活动目标

知识与技能：

1. 认识人体所需要的营养及其来源。

2. 了解自己每天摄入的食物是否符合营养需求。

过程与方法：

1. 学生通过在超市内购买食物，了解食物的营养成分。

2. 结合食物营养金字塔的结构，设计搭配出一顿营养晚餐所需的食材。

情感、态度、价值观：

1. 纠正不良的饮食习惯，养成良好的饮食卫生习惯。

2. 学会与人交流，学会创造，促进学生个性的健康发展。

五、活动材料

活动教案、活动所需展品、扩音器材、学生工作纸、A4纸、笔、小奖品。

六、活动过程

活动环节	辅导员活动	学生活动	设计意图	时间
引入	今天活动的主题是“我的晚餐”，希望同学们在接下来的活动中能够积极参与，表现优秀的同学会获得精美的小奖品	按小组有组织、有纪律地站好	培养学生的组织能力，引导学生准备进入活动中	2分钟

（续表）

活动环节	辅导员活动	学生活动	设计意图	时间
参与	与学生进行互动： 1. 问：同学们晚餐吃得好吗？都吃了什么食物？ 2. 问：你们吃的食物中都有什么营养成分	蔬菜、鸡翅…… 有维生素、水…	通过提问的方式复习与食物相关的知识，了解学生的基础，揭示学生的前概念，引出本活动要研究的核心问题	3分钟
探究	探究活动一：发现现有晚餐配搭的不足。 1. 派发A4纸，小组在纸上记录平时晚餐中的食物。 问：所吃的晚餐中包含了哪些食物类型？ 2. 辅导员检查小组记录情况。 3. 分组观察超市外围食物营养金字塔构成。 互动：同学们，我们合理的膳食结构可以用一个金字塔来描绘，每一层的食物都为我们的身体提供了所需的能量，大家现在通过观察总结金字塔的排列情况。 4. 检验平时的晚餐是否符合营养需求。 5. 交流与小结。 小结：通过观察、记录，检验出同学们平时的晚餐搭配还存在不足之处	学生观察 预设： 食物金字塔可以分为4层：食物多样，谷类为主；多吃蔬菜、水果和薯类；常吃奶类、豆类或其制品；经常吃适量鱼、禽、蛋、瘦肉，少吃肥肉和油炸食品。 学生思考： 不良的饮食习惯会给我们的身体带来什么后果？（营养不良、过度肥胖）	在辅导过程中，首先通过记录与日常生活相关的内容，引导学生回忆自己的饮食习惯，为后面的活动做好铺垫。食物金字塔帮助学生更直观地了解到人体所需的营养，让学生通过观察，判断出自己的晚餐是否符合营养需求	10分钟
	探究活动二：设计健康的营养晚餐。 1. 创设情境。 在我们面前的这个超市里，有很多不同的食物供大家选择，同学们可在超市内选择一些食物，为自己设计一顿健康的晚餐	每组只拿1个篮子，每次只能挑选5样食物，或许在学生工作纸中记录的食物有些超市内是没有的，可以用一些相同类型的来替代，例如：米饭可用面包来替代。挑选食物后到计价台扫描，扫描后按下“确认”键，然后得到条码纸，利用条码纸到就餐台就餐	通过情境式的探究方式调动学生的积极性，在超市中再现购物场景加深学生对食物的了解。以小组为单位开展探究活动，培养学生的团队意识，结合前阶段的知识，设计营养晚餐，让学生养成科学的饮食习惯	15分钟

（续表）

活动环节	辅导员活动	学生活动	设计意图	时间
	2.提出任务。 以小组为单位，组内合作。由每组的小组长收集并整合意见后，把设计好的食谱填写在学生工作纸内。究竟哪一组设计的晚餐可以得到认可呢？大家在超市内购物并进行食物健康测试便可得到答案。 3.强调注意事项。 解说进入超市的操作流程，强调安全纪律	用笔记录下电脑给的建议，活动结束后再回到原地统一讨论。体验完后要将篮子放回原处		
食谱展示环节	辅导员组织学生按组别介绍晚餐食物搭配	每组派出小组长作为代表，展示学生工作纸，并介绍自己的晚餐食物搭配	培养学生与人交流的能力	8分钟
知识问答环节	辅导员根据学生在超市中的活动内容设计一些问题，回答正确的同学可以获得一份精美的小奖品。 问题1：在超市中购物需要哪几个步骤？ 问题2：食物营养金字塔的结构是什么样的呢？ 问题3：食物（如水果、蔬菜等）中含有哪些丰富的营养？ 问题4：不良的饮食习惯会给我们的身体带来什么影响？ 问题5：我们应该怎样养成良好的饮食习惯呢	抢答辅导员提出的问题	通过抢答的方式，检验学生对于活动中概念性知识的掌握情况	5分钟
评价及总结	同学们，为了我们的健康，在我们还小的时候，就要注意饮食的均衡搭配，虽然我们在家里做饭做得少，但是我们可以主动向父母提出建议。一旦发现父母在饮食安排上没有做到这一点，我们也应该及时向他们提出来以利于改进。这不仅关系到我们自己的身体健康，对父母的健康也是非常有利的			2分钟

学校________
姓名________

“儿童天地”展馆

主题：我的晚餐

饮食习惯与健康有不可分割的关系。而均衡营养和适量的饮食是健康饮食两个很重要的方面。

任务要求：

今天我们来到这个超市里，它有很多不同的食物可供我们去选购。同学们知道了许多健康饮食的知识，你能在超市里选择一些食物，为自己做一顿健康晚餐吗？

我的晚餐食谱

学习评价

晚餐食谱：☆☆☆☆☆

语言表达：☆☆☆☆☆

团队合作：☆☆☆☆☆

活动后我们的想法

4.3 下落的小球

活动指南

一、活动对象：3~4年级学生

二、活动人数：最佳15~20人，分为5组

三、活动时间：约45分钟

四、活动目标

知识与技能：认识物体下落的速度与其质量无关。

过程与方法：设计实验，让学生体会物体下落的速度与空气阻力有关；学会在对比实验中控制变量的方法。

情感、态度、价值观：了解分工合作的作用，体验分工合作的乐趣。

五、活动材料

辅导员：同种材质的木球2个、羽毛球1个、PK牌1个。

学生：每组3人，共6组；每组小球、泡沫、气球、塑料袋各1个，透明胶、剪刀若干，A4写字板及笔若干。

六、活动过程

1. 谈话导入。

谁知道两个铁球同时落地的故事？

（学生简要回答，引出亚里士多德与伽利略观点的分歧）。如何推翻亚里士多德的观点？你打算怎样验证？

如果让羽毛球和木球同时下落，结果又会是怎样？

2. 分组辩论，引发思考。

（1）把学生分成2组，1组赞成亚里士多德的观点，1组赞成伽利略的观点。

（2）讨论影响物体下落速度的因素。

（3）汇报讨论结果。（物体下落的速度与自身质量没有关系，可能与空气阻力有关）

3. 提出任务。

物体下落的速度可能与什么因素有关？各组之间进行一次比赛，每组通过对小球进行改造，看看哪个组的小球下落的速度最慢。

任务一：各小组利用辅导员提供的材料进行改造方案设计，并说出改造理由。

任务二：领取所需材料，改造小球。

4. PK活动。

各组利用改造后的小球进行PK，获胜者介绍自己的改造思路，与其他小组共同分析获胜原因。

5. 小结。

物体下落的速度与空气阻力有关。

七、活动评价

1. 辅导员根据观察对各组的探究设计的过程进行简单的评价。

2. 各小组互相评价。

学校________

姓名________

主题：下落的小球

“实验与发现”展馆

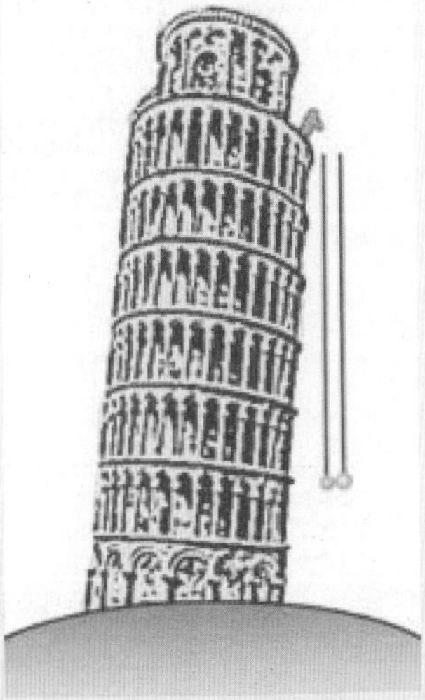

古希腊哲学家亚里士多德认为，如果从同一高度释放两个物体，那么重的物体比轻的物体下落得要快。这似乎符合人们的常识，如玻璃弹子就比羽毛落得快。但是，伽利略却认为物体下落的速度与其质量无关，所有物体下落速度都相同。很多人反对这个观点，伽利略为了向人们证明他的观点，跑到比萨斜塔上同时扔下两个不同质量的铁球，结果两个铁球同时着地。

任务要求：

1. 通过实验验证两个铁球同时落地，认识物体下落的速度与其质量无关。
2. 能综合运用所学知识，设计出一个下落速度较慢的物体，并说明设计原理。
3. 通过设计实验，体会物体下落的速度与空气阻力的关系。
4. 学会对比实验中控制变量的方法。

任务一：

讨论影响物体下落速度的因素并写出讨论结果。（可以绘制简图说明）

讨论结果：

____

____

任务二：改造小球

各组对小球进行改造，看看哪个小组改造的小球下落的速度最慢。

1. 分组活动，每个小组3人，利用教师提供的材料设计改造方案，并说出改造理由。（可以绘制简图说明）

2. 设计好方案后，领取所需材料，改造小球。

设计说明：

____

____

设计简图：

学习评价

观察 ☆☆☆☆☆

讨论 ☆☆☆☆☆

合作 ☆☆☆☆☆

这次实验说明了什么？

____

____

____

____

4.4 “摆”兄弟

活动指南

一、活动对象：3～4年级学生

二、活动人数：最佳15～20人，分为5组

三、活动时间：45分钟

四、学情分析

摆，对小学中年级学生而言是个比较抽象的概念。学生知道生活中有些物体的运动是摆动，如钟摆、秋千、摇篮、吊床等，但是，大多数三四年级学生对摆缺少完整的认识，更不知道摆动这种现象背后所蕴含的科学道理。因此，在引导探究时，要联系学生生活中所认识的摆的现象，引导学生进一步学习摆的知识。另外，中年级的小学生基本没有设计对比实验的基础，对实验中如何控制好变量与定量，以及如何收集有效的数据，几乎没有概念。本活动基于“摆长最重要”展项开发，控制变量方面只要引导学生跟着展项的要求进行操作就基本不会有问题；但是在收集数据方面，引导探究过程中还是需要注意提醒学生做好实验数据的收集及分析，以引导学生发现摆摆动的快慢与摆长有关，与摆锤质量无关。

五、活动目标

知识与技能：借助“摆长最重要”展项进行实验，了解影响摆摆动快慢的因素是摆长。

过程与方法：设计对比实验，并解释实验现象和数据，得出结论；根据实验数据，通过不断尝试，制作出一个1分钟摆60次的摆。

情感、态度、价值观：理解实验数据对认识一个事物的价值；增强与他人协作探究的小组合作意识。

六、活动重点

利用展项收集数据，发现影响摆摆动快慢的最主要因素是摆长。

七、活动难点

分析理解实验数据。

八、活动方法

运用5E教学模式，即引入（Engagement）、探究（Exploration）、解释（Explanation）、延伸（Elaboration）、评价（Evaluation）五个部分进行教学。

九、活动材料

辅导员：介绍摆的展板、秒表。

学生：活动记录单、摆的实验仪器、30厘米长尺、秒表。

十、活动过程

活动环节	辅导员活动	学生活动	设计意图	时间
引入	引导：各位同学，大家喜欢玩秋千吗？“实验与发现”展馆里有一个展项和秋千很像，大家找找看，能不能找到它？（带领学生来到“摆长很重要”展项前） 提问：谁知道这个叫什么？它哪方面和秋千很像？你能用手模仿一下它的运动方式吗	寻找展馆里的“秋千”。 小组讨论，寻找答案	以学生喜爱的荡秋千活动来吸引学生的注意，将学生引入学习状态；然后，通过提问，了解学生对摆的已有背景知识和相关概念的掌握情况	3分钟
探究	1.摆的基本知识。 出示摆的展板，并根据学生回答归纳、介绍摆的基本知识： 由绳子或连杆挂起一个重物，并能像秋千一样来回摆动的装置叫摆，在实验室使用的经过特殊设计的摆叫单摆。绳子或连杆叫摆线，下面连接的重物叫摆锤。（边讲解边指着展板演示） 单摆的固定点到摆锤重心的距离叫摆长；而单摆在静止时（摆锤在最低点）与摆锤在最高点时摆线的夹角叫摆幅，即摆动幅度的意思。实验室里的单摆摆幅通常不超过5°。（边讲解边指着展板演示） 把摆锤向旁边拿高一些，轻轻放手，摆就会来回摆动，而它摆动一个来回叫“摆动一次”。正规的实验中，一个来回是从最低点开始算的，但我们的实验为了更容易准确计数，可以从最高点开始算一个来回的开始，也就是从最高点摆到另一侧的最高点，然后再摆回来最高点，叫摆动一次。（边讲解边指着展板演示）	根据讲解，学习摆的基本知识	系统介绍摆的基本知识，使学生对摆有一个基本的认识，为下面的研究打下基础	

（续表）

活动环节	辅导员活动	学生活动	设计意图	时间
	2.研究摆摆动的快慢与摆长的关系。 引导：摆有很多奇妙的特点，有些摆比较“懒惰”，摆动起来比较慢；有些摆比较“勤快”，摆动起来比较快。大家想知道哪些是摆得比较快的摆，哪些是摆得比较慢的摆吗? 引导：在我们面前的是“摆三兄弟”，分别叫“摆大哥”“摆二哥”“摆弟弟”，谁能发现“摆三兄弟”的相同点和不同点? 提问：“三兄弟”一个比一个高，但它们摆动起来，哪个会快些？是长得“矮”的“大哥”，还是长得高的“弟弟”？你是根据什么猜的? 互动：辅导员计时30秒，小组里每位同学分别去数“摆三兄弟”的摆动次数，看它们分别在30秒内能摆动多少次。大家还记得怎样才算是“摆动一次”吗? 提问：刚才的实验里，摆长最短的“摆大哥”30秒摆动多少次？摆长居中的“摆二哥”30秒摆动多少次？摆长最长的“摆弟弟”30秒摆动多少次? 观察这些数据，你能得出什么结论？请把实验结论填写在活动记录单上。 3.研究摆摆动的快慢与摆长的关系。 引导：刚才摆得最慢的“摆弟弟”其实还有一个“孪生兄弟”，就在它的旁边。我们再来对比一下，这对“孪生摆兄弟”又有什么相同点和不同点? 引导：大家能设计一个比赛，看看“两兄弟”哪个摆得快，哪个摆得慢吗? 互动：辅导员计时30秒，帮助学生进行对比实验。 提问：根据刚才的观察，你又能得出什么结论？请把实验结论填写在记录单上	观察，寻找“摆三兄弟”的异同：摆长一个比一个长，但摆锤大小、质量是一样的。 根据生活经验进行猜测，并说明猜测的依据。 辅导员计时30秒，学生分别观察并数出3个不同摆长的摆在30秒内摆动的次数，并把观察结果记录在活动记录单上。 观察实验数据，得出“摆线长度越大，摆得越慢；摆线长度越小，摆得越快”的结论，并记录在活动记录单上。 对比2个摆的异同，发现它们摆长一样，但摆锤质量不同。 根据刚才的方法设计实验，对比摆长一样，但摆锤质量不同的2个摆的摆动快慢。 分别观察并数出2个摆锤质量不同的摆在30秒内摆动的次数，并把观察结果记录在活动记录单上	引导学生通过“摆长最重要”展项进行实验探究，收集证据回答“摆的快慢”的问题。 强调摆动一个来回才是“摆动一次”。 利用“摆长最重要”展项进行实验，收集数据。 汇报实验数据。 引导学生尝试设计对比实验，研究摆锤质量不同的2个摆的摆动快慢。 利用“摆长最重要”展项进行实验，收集数据	15分钟

（续表）

活动环节	辅导员活动	学生活动	设计意图	时间
解释	引导总结：现在你发现了哪些摆是摆动比较快的？哪些摆是摆动比较慢的？摆动的快慢是由什么决定的？	在辅导员的引导下总结：摆线越短，摆得越快；摆线越长，摆得越慢。摆动快慢是由摆线长度决定的，与摆锤质量无关	在学生探究和解释的基础上，辅导员引导学生总结、明确摆动快慢的决定因素，回答最初提出的问题	2分钟
延伸	引导：既然摆动快慢是由摆线长度决定的，与摆锤质量无关。那大家估计一下，摆长大约是多长的摆，1分钟刚好摆动60次呢？把大家第一次猜测的数据填写在活动记录单上，一会可以利用摆的实验仪器、秒表、尺子，验证一下自己的猜测对不对。在实验表格中记录摆长，1分钟摆动多少次。 提问：如果发现测量慢了，1分钟摆动不到60次，你觉得应该怎样调整？如果发现测量快了，1分钟摆动超过60次，你觉得又应该怎样调整？ 比一比，看哪个小组可以最快做出1分钟刚好摆动60次的摆（介绍秒表的使用方法，及单摆实验仪器调整摆长的方法，使学生学会正确使用这些实验器材）	在辅导员的引导下，分组讨论、估计1分钟摆动60次的摆的摆长。 在辅导员的引导下讨论，再次巩固摆长对摆摆动快慢的影响的知识。 不断尝试、验证、调整，做一个1分钟刚好摆动60次的摆	学生运用新知识、新概念解决新的问题。 通过比赛让学生学以致用，巩固摆长对摆摆动快慢的影响的知识，增强小组合作意识	15分钟
评价	从完成时间的快慢、实验器材使用的规范性、小组成员的合作性等方面评价每组学生在活动中的表现。 引导展示：请第一名的小组在展项上展示自己的研究成果，其他同学一起去数摆动次数并计时。看看他们是不是准确做出了1分钟摆动60次的摆	小组成员互相评价活动中的优点与不足。 利用"摆长最重要"展项集体验证1分钟摆60次的摆的摆长的成果	评价学生对于新知识、新概念的理解情况，包括新技能的学习情况。 培养重复验证的科学态度。再次巩固摆长对摆摆动快慢的影响的知识	5分钟

主题：“摆”兄弟

“实验与发现”展馆

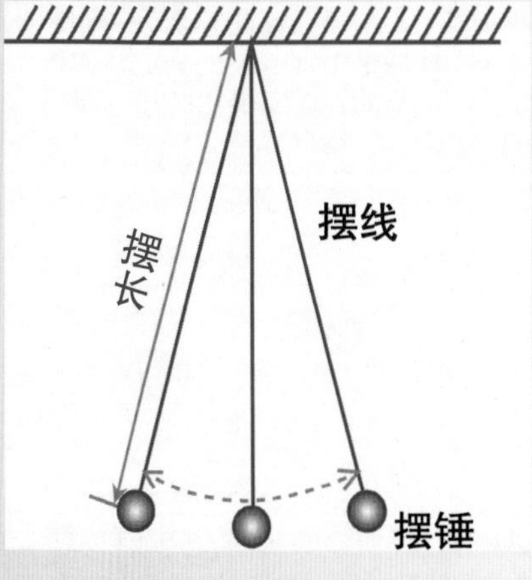

摆是一种实验仪器。最基本的摆由一条绳（或连杆）和一个锤组成。锤系在绳的下方，绳的另一端固定。当推动摆锤时，摆来回摆动。摆动一个来回，叫作摆动一次。

任务一：“摆三兄弟”，哪个摆得快？

“摆三兄弟”有什么相同点和不同点？你猜它们中谁摆得最快？谁摆得最慢？记录一下它们30秒摆动的次数，看看有什么发现。

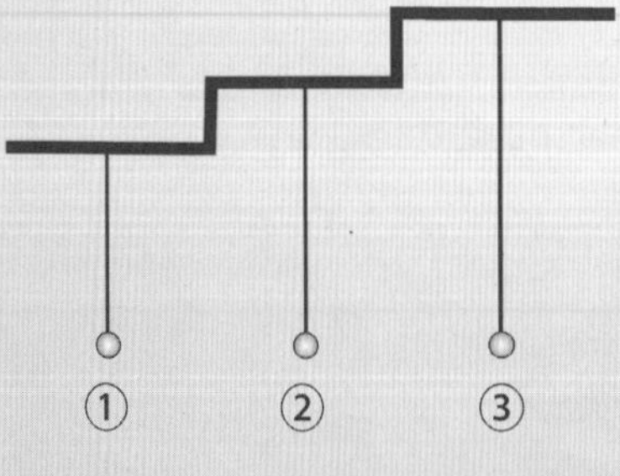

我的记录：

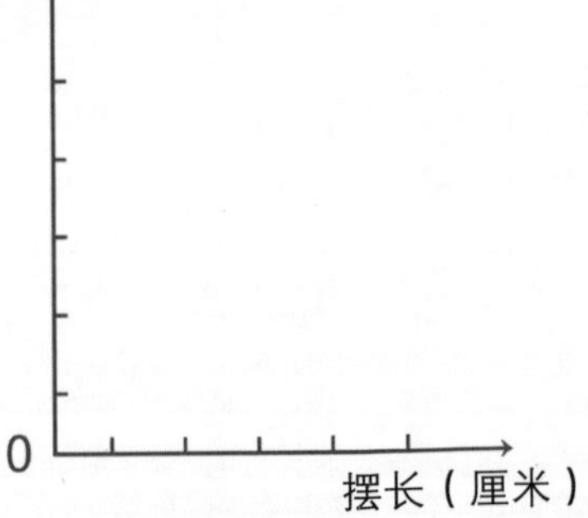

我的发现：

摆动的快慢与摆长有关（　　）无关（　　）。

任务二：“孪生摆兄弟”，哪个摆得快？

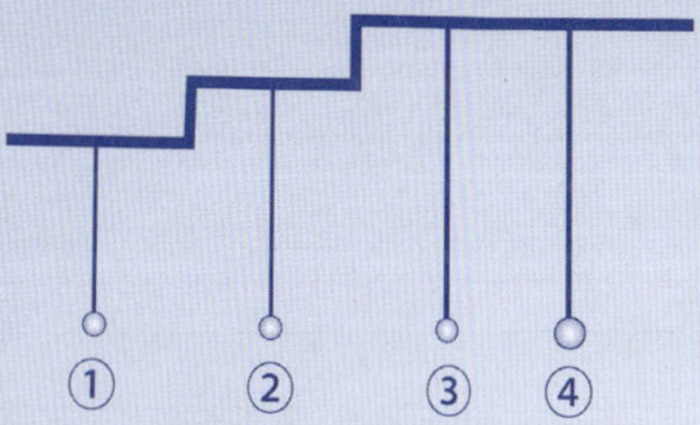

这对“孪生摆兄弟”有什么相同点和不同点？怎样才能知道它们谁摆得快，谁摆得慢？大家能设计一个实验研究一下吗？向同学说一下你准备怎样做。

我的发现：

摆动的快慢与摆锤质量有关（　　）无关（　　）。

我的记录：

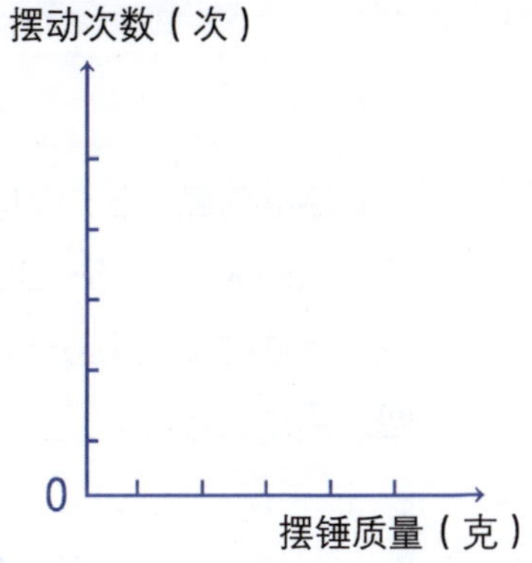

这两个实验说明了：

摆动的快慢跟（　　）有关，跟（　　）无关。

通过上面两个实验的发现，你能设计一个1分钟摆动60次的摆吗？

思考

1. 要制作1分钟摆动60次的摆，应该调整摆长还是摆锤质量？
2. 如果快了（1分钟摆动超过60次），应该怎样调整？
3. 如果慢了（1分钟摆动不到60次），应该怎样调整？

	第一次	第二次	第三次	第四次	第五次	第六次
摆长（厘米）						
次数（次）						

通过研究，我发现（　　　　）的摆1分钟刚好摆动60次。

我的记录：

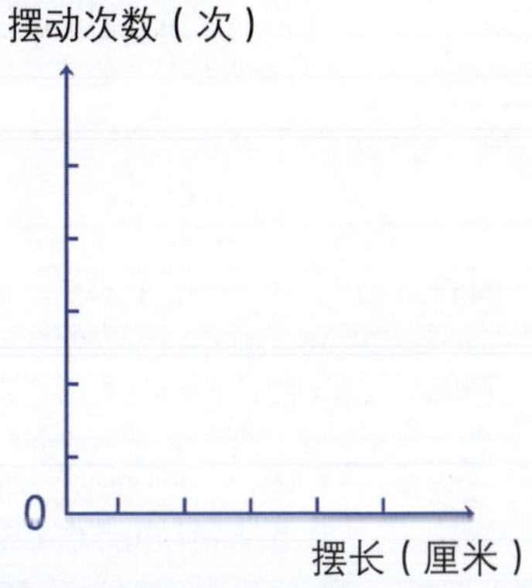

学习评价

观察：☆☆☆☆☆

讨论：☆☆☆☆☆

思考：☆☆☆☆☆

4.5 拱桥

活动指南

一、活动对象：5～6年级学生

二、活动人数：15～20人，分为5组

三、活动时间：45分钟

四、活动目标

1. 能根据观察到的拱形产生的形变来推测它的受力情况。

2. 通过模拟实验说明拼接拱具有一定的承重力，初步认识拼接的技术、构件的形状等因素对拱桥承重力的影响。

3. 知道在工程设计中需要考虑可利用的条件和制约的因素，并不断改进和完善。

五、活动材料

水彩纸5张、垫圈若干、相同的重物30个、拱桥（多块组合）5套、学生工作纸5份等。

六、活动过程

活动环节	辅导员活动	学生活动	设计意图	时间
参与	1. 展示多座古代的拱桥，提问：请观察拱桥的构造，你能找到它们的相同点吗？ 2. 展示现代拼接的拱桥和完整材料做成的拱桥，说明拼接的拱桥和完整材料做成的拱桥也具有一定的承重能力	观察拱桥，找出相同点	认识拼接拱桥与完整拱桥都有一定的承重能力	3分钟
探究活动：观察纸拱的承重	1. 认识拱形。 2. 教学生做一个纸拱并演示实验：在纸拱上放垫圈。 3. 提出问题：拱形并不像大家所说的能承受很大的重量，这是怎么回事？你刚才看到了拱形发生了什么变化？ 4. 用手表示拱形受到的力的方向。 5. 如何让拱形承受更大的重量	1. 认识拱形，并观察辅导员的演示实验。 2. 说出纸拱在承重后发生的变化。 3. 学生小结	1. 感受纸拱因承重而发生变形的过程，从而激发学生的探究欲望。 2. 通过小结，帮助学生将观察发现进一步整理，为下一活动得出正确的科学概念提供帮助	10分钟

（续表）

活动环节	辅导员活动	学生活动	设计意图	时间
游戏	出示不同构件数量的拱桥模型，尝试搭建拼接的拱桥。提出问题：你能利用提供的材料模拟制作拼接拱桥吗？比一比，哪个组制作得最快	1. 小组讨论实验方案。 2. 小组汇报实验方案。 3.学生实验	利用提供的实验材料进行模拟实验设计，并汇报想法。通过小组间提出的质疑让实验方案更加完善	10分钟
解释	搭建拱桥时遇到了什么问题	学生小结	让学生了解拱桥的搭建与构件材料有关	5分钟
延伸	课后探究	选择用不同的材料进一步探究	对探究进一步拓展延伸	2分钟
评价	提出问题：各个小组的拱桥构件、数量、拱都有不同，你能从材料的获取、各种造桥成本（如劳动力成本、时间成本、材料成本、运输成本、技术成本等）来评价一下大家搭建的拱桥吗	根据观察，对各组搭建的拱桥进行评价	让学生结合生活实际谈设计效果，让学生了解技术和工程与生活需要紧密结合	15分钟

广东科学中心
Guangdong Science Center

专项探究 工作纸

小学高年级

学校________________

姓名________________

主题：拱桥

我国拱桥历史悠久。在古代桥梁中，石拱桥为主要桥型。山谷、丘陵、平原和水网地区，至今仍存在各种形态的石拱桥。拱桥是我国最常用的一种桥梁形式，其式样之多，数量之大，为各种桥型之冠。

任务一：怎样才能使纸拱承载更大的重量？（可用简图表达想法）

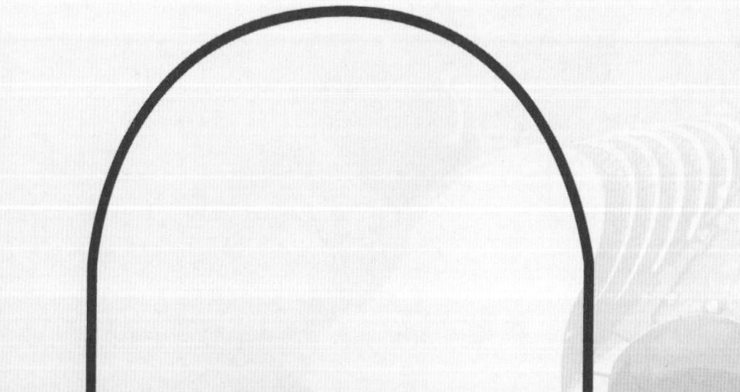

任务二：你们小组用了多长时间搭建好拱桥？
你们小组搭建的拱桥能承受多少块塑料砖？

任务三：你能从材料的获取、各种造桥成本（如劳动力成本、时间成本、材料成本、运输成本、技术成本等）来评价一下大家搭建的拱桥吗？

学习评价

观察：☆☆☆☆☆

讨论：☆☆☆☆☆

思考：☆☆☆☆☆

4.6 伽利略斜面实验

活动指南

一、活动对象：5~6年级学生

二、活动人数：最佳15~20人，分成5组

三、活动时间：约1小时

四、活动目标

知识与技能：懂得斜面倾斜角增加到90°的时候，斜面落体运动就变为垂直下落运动，了解自由落体运动是匀加速运动。

过程与方法：

1. 探究伽利略斜面实验，运用实验方法解决问题。

2. 利用线上线下联动的方法构建科学概念。

3. 理论推理：用斜面下落代替垂直下落，从而推出垂直下落运动的一些结论。

情感、态度、价值观：

1. 激发学生对科学实验的兴趣，学会尊重科学事实。

2. 培养学生运用网络工具来学习的习惯。

3. 让学生体会到，科学探究不是一件难事，并不是专属于科学家。

4. 培养学生到科技馆学习的兴趣和习惯。

五、活动材料

“伽利略斜面实验”展项、尺子、活动记录表、笔、写字板。

六、活动过程

1. 辅导员：各位小朋友们，欢迎大家来到“实验与发现”展馆，参加我们的科学互动小站主题探究活动，我是广东科学中心的老师，今天我要带大家一起来做一个小探究。（引导学生到展馆门口的平面图边）大家可以看到“实验与发现”展馆分为6个展区，运动学实验室、力学实验室、电磁学实验室、科学发现广场、生命科学实验室、光学实验室。我们今天要做探究的展项就在科学发现广场这一展区。来，大家跟着我一起进入展馆。

2. 创设问题情境导入：通过伽利略落体实验，引出伽利略斜面实验。

示例：

（先带领学生到“伽利略落体实验”展项前）

辅导员：大家知道这个建筑吗？

学生：知道，比萨斜塔。

辅导员：没错，这个就是比萨斜塔，相信大家都在课本里学过伽利略的比萨斜塔实验。一个重一点的球，一个轻一点的球，哪个先着地？

学生：同时着地。

辅导员：这个实验告诉我们，两个球是同时着地的，但是这两个球的下落过程有什么样的规律呢？到底是速度不变、越来越快，还是越来越慢呢？小球下落速度太快了，眨眼就着地了，我们很难去研究其下落的规律。那怎么办呢？聪明的伽利略总是有办法的。（接着带学生到“伽利略斜面实验”展项前）

3. “伽利略斜面实验”展项讲解：辅导员简单讲解“伽利略斜面实验”展项的相关信息，如铃铛、两种颜色刻度的意义、如何动手实验等。

示例：

到了“伽利略斜面实验”展项前面时。

辅导员：好，大家到这个展项前面来，这个展项叫“伽利略斜面实验”，它能用来干什么呢？

学生：测量小球下落的速度，测量小球下落的时间……（答案不一，引导学生回到研究落体运动的规律上来）

辅导员：因为垂直下落的速度太快，很难研究落体运动的规律，聪明的伽利略想到了一个好方法，利用斜面来做实验，让小球下落的速度变慢，就像电影里的慢镜头一样，让我们看得更加清楚，方便观察和记录。

大家看到这个倾斜角了吗？如果这个倾斜角越来越大，变成了90°，是不是就跟在斜塔上竖直下落是一样的了？所以，我们利用这个斜面来做实验，跟在比萨斜塔上做实验，它们的科学原理是一样的。大家靠近展项，可以看到展项上面有一排红色和一排绿色的刻度，这两种颜色的刻度有什么规律？

学生：红色刻度之间的距离是相等的，而绿色刻度之间的距离，好像不是规律的……

辅导员：红色刻度之间的距离是相等的，绿色刻度到底是怎么样分布的？它们又有什么用处？等一下我们需要通过实验了解。

现在请一位同学上来帮助我做一次实验。（先把铃铛逐一移到红色刻度上，把小球移到斜面顶端，无初速度释放）小球滚下去，大家听到铃铛的响声有什么规律吗？

学生：铃铛响得越来越快。

辅导员：铃铛响得越来越快，代表着什么呢？

学生：说明小球滚得越来越快，小球撞击铃铛越来越快，小球的速度越来越快……（答案不一）

辅导员：没错，说明小球滚得越来越快。现在我们通过实验知道了小球滚得越来越快，但是想要具体到一种数量关系，我们还是没有办法知道的，不过不要紧，我们继续做实验。刚刚是把铃铛移到红色刻度上，接下来我们试试把铃铛逐一移到绿色刻度上再做一次实验。（把铃铛逐一移到绿色刻度上，把小球移到斜面顶端，无初速度释放）小球滚下去，大家这次听到铃铛的响声有什么规律？

学生：铃声响得很均匀，两声铃声相隔的时间相同……（答案不一）

辅导员：没错，两声铃声相隔的时间是相同的。那有没有人知道两声铃声相隔的时间是多长？

学生：1秒、0.5秒……

辅导员：不管是多少秒，这并不影响我们今天来研究这个斜面落体运动的规律。

我们研究一个物体的运动规律，一般是以一个固定的时间间隔内小球走过的距离作为研究对象。既然我们知道了，小球走到每个绿色刻度的时间间隔都是相等的，那么这些绿色刻度之间的距离是不是就是我们要研究的对象呢？

4. 动手实验：

辅导员：接下来大家分组来动手做实验，每组2～3人，合作把铃铛移到对应刻度上，然后释放小球，验证一下我刚才说得对不对。然后一人测量绿色刻度之间的距离，一人记录数据。先测量完的小组对数据进行分析，找出数据的规律。

（分发尺子、记录表和写字板，让学生做实验、观察、测量、记录5个数据，引导学生根据已测数据的规律推出后面的数据）

辅导员：大家做完实验了吧，关于小球是怎样下落的，相信有些同学已经有答案了。

5. 揭秘原理、总结：分组实验结束后，各组汇报测量结果及发现的变化规律，辅导员总结，揭秘原理。（注意：不一定每组都能准确地得出结论）

示例：

辅导员：我请一个小组来分享测量结果吧。（挑选一组测量得较好的数据来分享和作分析）

（学生分享实验结果）

辅导员：这一组做得非常好，大家可以从测量到的数据当中发现什么规律吗？

学生：数值越来越大，数值均匀增加10厘米……

辅导员：数值越来越大，那两个数值之间相差多少呢？（如果有人回答数值均匀增加10厘米，此步省略）

学生：10厘米。

辅导员：每个时间间隔内，小球走过的距离均匀增加10厘米。这样子，大家是不是都可以推测出第6、第7个时间间隔内小球走过的距离了？

辅导员：大家可以发现，小球每秒走过的距离是成比例的，1∶3∶5∶7∶9∶…这说明这个小球在斜面上做的是匀加速运动。之前我说过，竖直下落是倾斜角为90° 的斜面下落，由此推理，竖直方向物体的自由落体运动，做的也是匀加速运动。

好了，今天的活动时间快结束了，大家学到了什么呢？

（学生发言）

辅导员（总结）：

（1）要验证一个问题，我们用实验、用数据来验证。

（2）当斜面的夹角变为90° 时，就是竖直下落。

（3）小球在竖直方向自由下落运动是匀加速运动。（活动结束）

伽利略斜面实验活动记录表

姓名或组别__________________ 年级__________________

1. 实验数据记录表。

项目	距离（厘米）	
	第一次实验	第二次实验
第1个时间间隔内小球走过的距离		
第2个时间间隔内小球走过的距离		
第3个时间间隔内小球走过的距离		
第4个时间间隔内小球走过的距离		
第5个时间间隔内小球走过的距离		
第6个时间间隔内小球走过的距离		
第7个时间间隔内小球走过的距离		

2. 实验探讨。

（1）通过实验，你发现相同的时间间隔内小球走过的距离有什么规律？（一样长、越来越长、越来越短）

（2）通过分析数据，你发现小球的运动是怎么样的？（不快不慢、越来越慢、越来越快）

（3）（拓展题）小球垂直下落的时候，相同时间间隔内速度是怎么样变化的？（速度均匀增大、速度均匀减小、速度的变化越来越大）你能计算出每1秒的速度是多少吗？

4.7 多像镜成像

活动指南

一、活动对象：5～6年级学生

二、活动人数：20～30人，分成5～6组

三、活动时间：35分钟

四、活动目标

知识与技能：

1. 知道平面镜有反射光的能力，通过反射光线从而成像。

2. 初步了解多像镜的成像规律，知道两面平面镜之间的夹角越小，成的像越多。

过程与方法：小组合作探究，完成实验并能得出正确的结果。

情感、态度、价值观：让学生在探究的过程中领略物理现象的神奇，激发学生对于科学探究的热情和欲望。

五、活动重点

知道光射到平面镜上会发生反射现象，认识到两面平面镜的夹角与所成像数量的关系。

六、活动难点

认识到两面平面镜的夹角与所成像数量的关系。

七、活动方法

运用5E教学模式，引入（Engagement）、探究（Exploration）、解释（Explanation）、延伸（Elaboration）、评价（Evaluation）进行教学。

在活动形式上，采用现场活动和课室内探究两种形式，前边引入部分采用现场活动，激发学生的兴趣，让其亲身参与实验；后边的探究部分采用课室内学习，让学生在活动之后静下心来，认真探究多像镜成像的原理和规律。

八、活动材料

可调节角度的两面平面镜、直尺、玩具人偶、手电筒、学生工作纸。

九、活动过程

活动环节	辅导员活动	学生活动	设计意图	时间
引入（现场活动部分）	1. 孙悟空拔汗毛可以使分身法，我今天也来表演一个分身法。辅导员走进两面镜中间，两面镜子的夹角分别是90°、60°和45°，镜子之间出现了多个辅导员的像。 2. 学生体验，在三个不同的多像镜前边照镜子，看看自己成了几个像。 3. 有兴趣的学生也可在哈哈镜前试试，看看成像是否与平时照镜子一样。 刚才同学们都亲身体验了一番奇妙的多像镜，是不是出现了很多个自己的像？想知道它的成像规律吗？现在我们就到课室里去一起探究一下吧	仔细观察，看看辅导员站在镜子中呈现了多个像。 学生体验多像镜成像，思考为什么成几个像。 体验哈哈镜	通过有趣的现象将学生引入本次活动。 通过体验现场的多像镜和哈哈镜，为接下来的课室内探究做铺垫	5分钟
探究（课室内探究部分）	1. 研究光的反射。 大家平时都照过镜子，都知道通过平面镜可以照到自己的样子，这是什么原因呢？ 有同学说平面镜能够反光，谁能证明一下？ 刚才同学们都通过平面镜把手电筒的光进行了反射。一般情况下，光是沿直线传播的，但遇到平面镜之后光被反射到别的地方，这种现象就叫作光的反射，平面镜能够成像，就是因为光的反射。而大家刚才体验的哈哈镜的镜面与普通的平面镜镜面有什么不同？	通过已有知识，回答这是因为镜子会反光。 用平面镜把手电筒的灯光反射到其他地方。 学习光的反射。 思考哈哈镜镜面与平面镜镜面的区别。 哈哈镜不是平面的，所以成的像与真实的不一样	揭示由于平面镜能够发生光的反射，从而能成像的特点。 学习光的反射现象，为后边的两面平面镜反射打下基础	5分钟

（续表）

活动环节	辅导员活动	学生活动	设计意图	时间
	2. 研究两面平面镜的成像。 平面镜会使光发生反射从而成像，那谁告诉我一面平面镜能成多少个像？ 一面平面镜能成一个像，那如果给你两面平面镜呢？大家猜猜。 有同学说是几个像，为什么你认为是几个像呢？那具体会成几个像呢？ 有同学认为成像跟两面平面镜所成的角度有关，待会我给大家发两面小镜子，注意这两面镜子是可以转动的，它们之间的夹角可以随意变化，待会做实验的时候我们要按照学生工作纸上的标记把它分开不同角度，就像这样把镜子放上去（辅导员演示）请先在学生工作纸的预测栏上写一下你猜想的数值	用平面镜照自己，思考并回答问题。有的会说成两个像，说成几个像的学生回答问题。 观看辅导员的演示，在预测栏中填写预计会成几个像	有一些观察力较强的学生在引入时看见辅导员成了几个像会说成几个像。 层层追问，先揭示学生的潜意识，然后给个别懂得仔细观察的学生留有充分的思考空间，同时引出要把两面平面镜设置不同角度的实验	5分钟
	3. 开始实验。 刚才大家都把自己预测的成像数量写好了，现在我把镜子发下去，大家按照学生工作纸上提示的角度放好镜子，在镜子中间放好人偶，然后观察成像的数量，注意原来的实物不算是所成的像。 实验的最后请把你发现的两面镜子成像规律写出来。 下边我们开始做实验	根据学生工作纸的要求把镜子摆成不同的角度，观察成像的数量，记录在表格里。 填写“我的发现”一栏	—	10分钟
解释	刚才我看到大家做实验都很认真，观察得特别仔细，现在我请几个同学来展示一下你的实验结果。 那你们发现了什么规律呢？ 我们发现两面平面镜成像数量与它们所成的夹角有关系，夹角越小，所成的像就会越多。你们都能找出这个简单的规律吗	汇报实验结果： 我们发现当两面平面镜夹角越小时，成像的数量就越多	通过实验数据，获得两面平面镜夹角与成像数量的简单关系，增强学生的实证意识和归纳总结能力	5分钟
评价	今天我们学习了平面镜的成像以及成不同角度的两面镜成像，那有什么收获呢？ 如果下次给你三块互相垂直摆放的镜子，它又会如何成像呢？欢迎同学们参观我们的另外一个展项“窥视无穷、万丈深渊”	谈谈今天的收获。 讲讲两面平面镜成像的规律。 思考三块垂直摆放的平面镜的成像情况	温故知新，为下一个项目“窥视无穷、万丈深渊”做好铺垫	5分钟

学校＿＿＿＿＿＿＿＿

姓名＿＿＿＿＿＿＿＿

主题：多像镜成像

"实验与发现"展馆

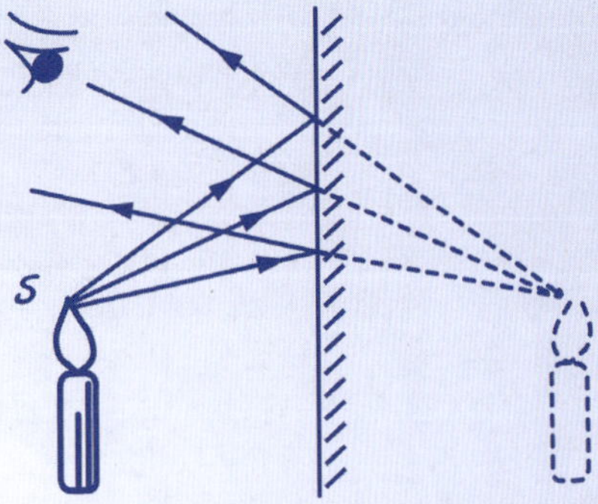

任务要求：

请先在下页的表中填写预测成像的数量，然后把两面镜子打开到相应的角度，放在以下的指定位置上，将人偶放在两面镜子中间，观察所成的像的数量，写在实测一栏中。

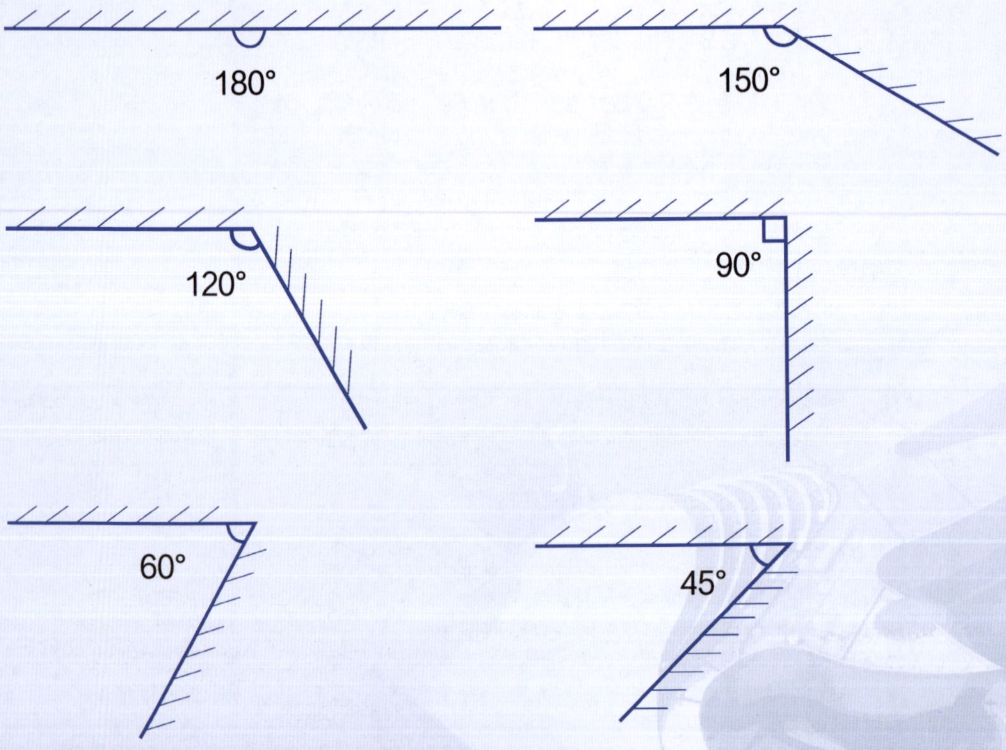

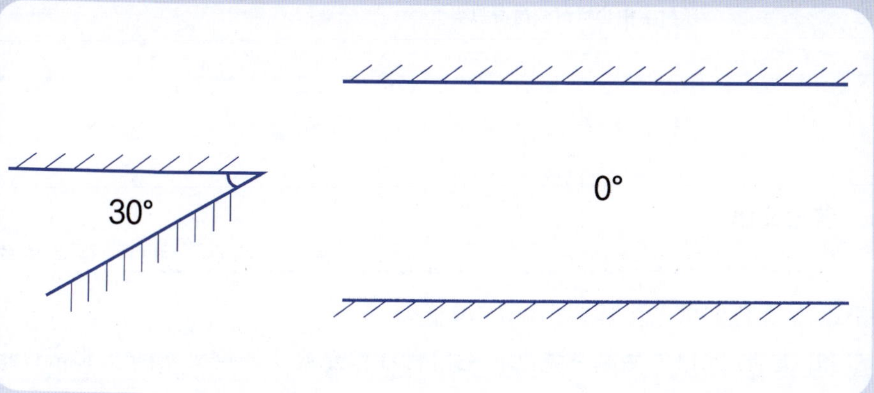

角度	成像的数量（预测）	成像的数量（实测）
180°		
150°		
120°		
90°		
60°		
45°		
30°		
0° （两镜平行）		

我的发现：

学习评价

观察：☆☆☆☆☆

讨论：☆☆☆☆☆

思考：☆☆☆☆☆

参考文献

[1] 张小平. 从杜威到布鲁纳——看美国教学论思想的发展[J]. 华东师范大学学报（教育科学版），1983(1): 67–74+66.

[2] 束为. 2014（安徽·芜湖）全国科技馆发展论坛论文集[M]. 北京：中国科学技术出版社，2015.

[3] 戴亚雄. 博物馆社会教育研究[M]. 贵阳：贵州人民出版社，2002.

[4] 张誉腾. 科学博物馆教育活动之理论与实际[M]. 台北：文史哲出版社，1987.

[5] 尹爱英. 杜威的“儿童中心”的教育理论及现实启示[J]. 安徽文学（下半月），2009 (3): 284–285.

[6] 陈朝晖. 谈布鲁纳的内部动机作用理论及其对教学的意义[J]. 当代教育论坛，2005(13): 155–156.

[7] 林崇德，张文新. 认知发展与社会认知发展[J]. 心理发展与教育，1996(1): 50–55.

[8] 戴尔·H.申克. 学习理论：教育的视角[M]. 韦小满，译. 南京：江苏教育出版社，2003.

附　　录

附录1

小学科学课程标准知识领域分类检索表

A类：物质科学领域

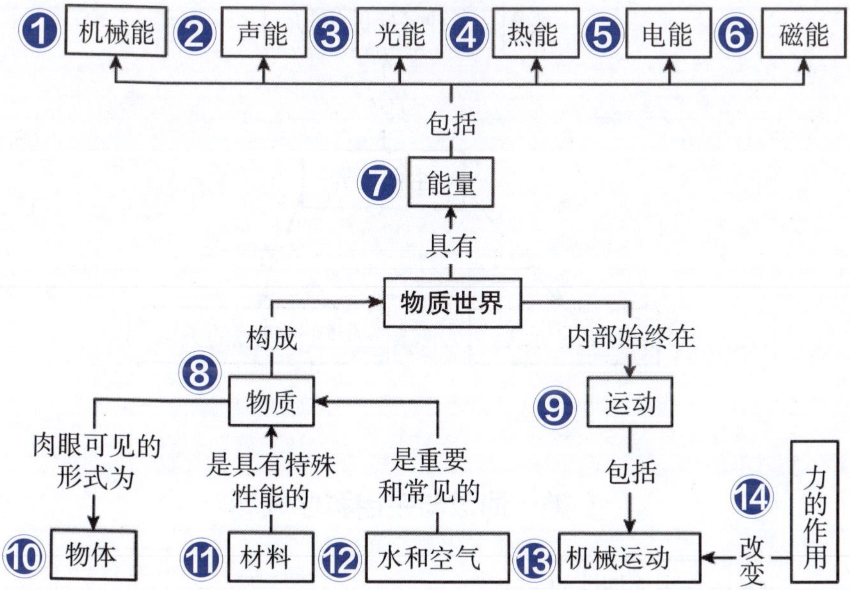

B类：技术与工程领域

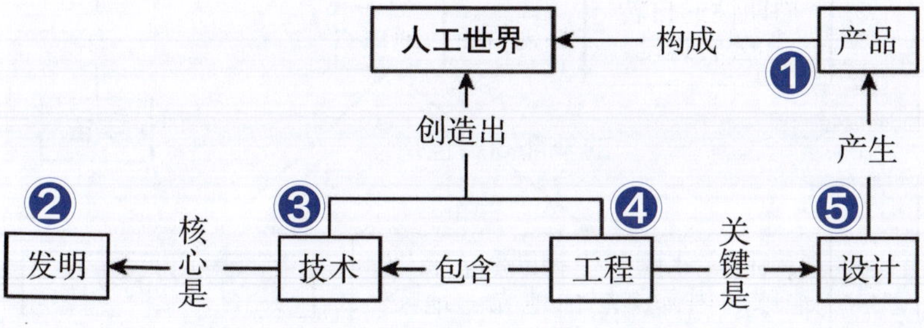

C类：生命科学领域

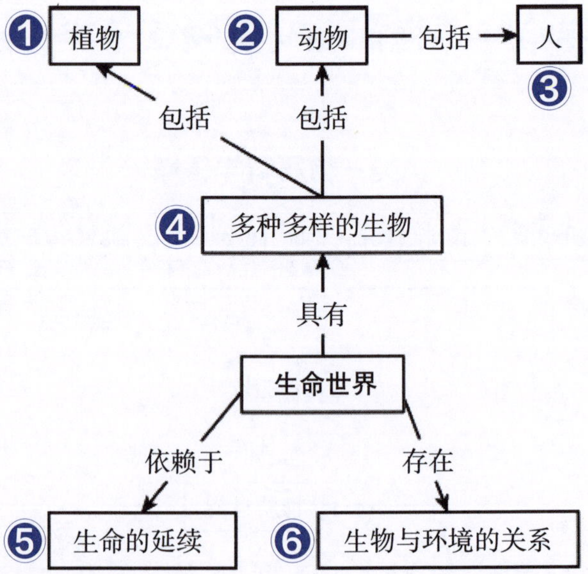

D类：地球与宇宙科学领域

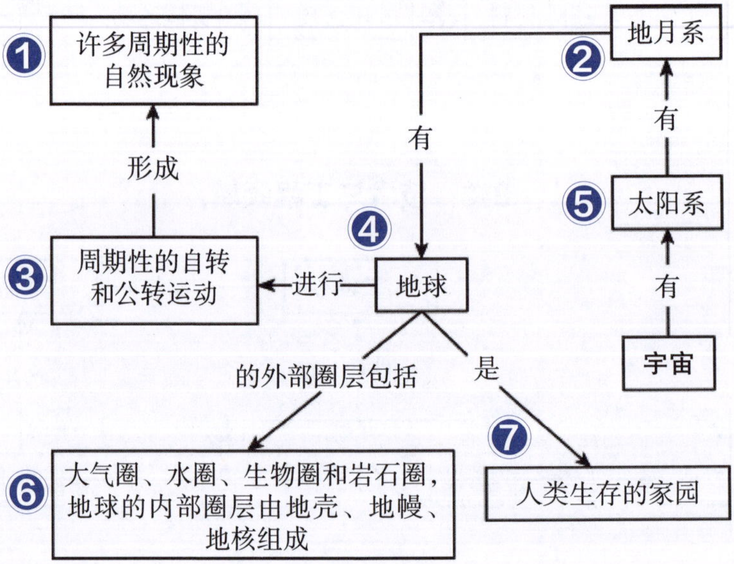

附录2

场馆科学教育线上线下联动的实践

——以“伽利略斜面实验”为例

侯的平　许玉球　韩俊
（广东科学中心，广州，510006）

方案简介　基于展项内容拍制科普电视节目，将展项蕴含的科学知识、科学思想和科学方法，乃至科学精神进行外化，同时辅以线上线下联动的方式实施，是拓展场馆科学教育活动的有效途径。广东科学中心与广州市广播电视台合作，选取有代表性的展项，以小学生为科普对象，拍制并播放展项科普少儿节目，实现更大范围的科普辐射。同时，将该展项科普少儿节目送进学校，作为小学生科技课程的内容，开展翻转课堂的教学方式，即先观看创设问题情境部分的视频了解展项、思考并提出问题；到展馆后，在辅导员的引领下开展科学探究，寻求解决问题的方法；探究结束后，播放视频的后半部分内容，进行原理揭秘及总结，构建基于展项的完整的科学概念。另外，通过微信公众号进行传播，设置互动问答环节，更多的学生个体或亲子家庭参与科技馆的线上线下教育活动。从已拍制并播出的24个节目中选取“伽利略斜面实验”进行线上线下教育活动实施及推广的剖析，展示如何利用展项来探究自由落体运动是匀加速运动的教育过程。

关键词　场馆科学教育　线上线下联动　翻转课堂　科学探究　伽利略斜面实验

发现式学习的倡导者布鲁纳说过：“我们应该做些什么？孩子们的发现式学习多么重要。我们呵护他们探索世界的最好方法，就是寻找如何用他们的语言、如何用合适的方式解释这些发现。因为我相信：任何学科都能用在智育上恰当、有效、有趣的方式，教给任何发展阶段的任何儿童。”[1]

科技场馆的展项蕴含丰富的科学知识、科学思想和科学方法，但不同的对象，由于认知和接受能力不同，他们对科技馆展项的学习显示出时空上的局限性。如果能够结合更有趣的导入方式，将展项所要表达的科学原理、体验或探究的方法更好地表现出来，激发青少年学生对科技馆展项主动探究的兴趣，通过“走出展馆”“走进学校”吸引更多的青少年学生“走进展馆”，将能更好地发挥科技馆的教育功能。为此，广东科学中心与广州市广播电视台（少儿频道）合作，以小学生为科普对象，以青少年喜爱的视频的表现形式，拍制基于展项的少儿科普电视节目《科学好玩大发现》，通过策划一个小学生、一个外星人、一个怪博士和一个科学精灵的人物形象，诠释展项的“科学魅力”。同时，通过科技课、翻转课堂、线上线下联动教学的方式，将实体展项与科普视频结合起来，应用于小学生的科学教育实践活动。教学目标依据小学科学课程标准，结合场馆科普教育功能而设计。目前，广东科学中心已完成伽利略落体实验、伽利略斜面实验、牛顿色散实验等24个展项科普少儿节目的拍制，其推广应用一直在持续。

关于斜面落体运动的课程是中学物理课程的内容，小学生能学习吗？在这里，我们采取有别于传统教学的方式，基于“伽利略斜面实验”展项，让小学生通过伽利略斜面实验了解自由落体运动是匀加速运动。

一、设计思路

（一）活动设计背景。

场馆的科学教育不仅是普及科学知识，展示科学发现、技术发明过程，还要传播科学思想和方法，更要重视科学探究思维的培养。广东科学中心“实验与发现”展馆将传播科学思想和方法置于比科学知识本身更重要的位置，使公众置身科学实验室，身临其境体验科学先驱们的伟大发现过程，领悟科学探究的思想方法，引发科学的思考，让公众带着这种思想方法、科学精神，深入体验其他主题展项。

相对于场馆的科学教育，线上科学教育具有独特性。当今网络以难以想象的速度发展，网络资源极其丰富，几乎涵盖所有学科。众多科学知识、理论、实验原理和思想方法剖析的资料，以视频、音频、文档、图片等形式，活跃于网络上。但是网络资源良莠不齐，其中存在误导公众的伪科学，科普场馆有责任传播科学正能量，因此开发并传播线上教育资源势在必行。

线上科学教育和场馆科学教育各有优势，看似并无太多交集，那是不是两者就应该各行各路？显然不是。结合场馆科学教育和线上科学教育优势，实现场馆科学教育线上线下联动是非常有必要的，这是因为：

1. 线上“利用互联网等虚拟媒介而实现的一系列没有发生面对面交谈交互的情况与动作”，并不能完全取代真实的科学实验过程和实体展项的互动体验，这正是实体科技场馆在高速发展的互联网条件下继续存在的社会价值。

2. 线下“有真实发生的、当面的、人与人有通过肢体动态的一系列活动，或者是事物真实具有实体存在的”科技场馆展项体验，在有限的时空内往往不易为参观者感受、理解，需要线上的多媒体形象展示，以特殊视角的观察演绎以及更高层面的知识延伸来补充。

由此可见，线上线下结合，符合人类认知从抽象到形象，从感性到理性的规律。巧妙运用新媒体，实现场馆科学教育线上线下联动，是一种趋势。

（二）活动主题：伽利略斜面实验。

（三）主要对象：小学5～6年级学生。

（四）特点和创新性。

1. 以科普电视节目形式诠释展项。以小学生为科普对象，以青少年喜爱的视频表现形式，拍制基于展项的科普电视节目《科学好玩大发现》，通过策划一个小学生、一个外星人、一个怪博士和一个科学精灵的人物形象，诠释展品展项的“科学魅力”。

2. 让科普节目视频走进小学课堂。拍摄的节目视频，目前已成为部分小学科技课堂的教学内容之一。

图1 节目人物形象

3. 针对学校的班级团体，通过馆校结合的形式，运用翻转课堂教学方式开展教学。先观看创设问题情境部分的视频了解展项、思考并提出问题；到展馆后，在辅导员的引领下开展科学探究，寻求解决问题的方法；探究结束后，播放视频的后半部分内容，进行原理揭秘及总结，构建基于展项的完整科学概念。

4. 针对散客，开展线上线下联动教育活动。把节目视频上传到微信公众号，让亲子家庭或学生个体通过移动终端观看，设置互动问答环节，并以一定的激励措施，吸引更多公众走进展馆与展项互动。

二、教育目标

（一）知识与技能。

懂得斜面倾斜角增加到90° 的时候，斜面落体运动就变为垂直下落运动；了解自由落体运动是匀加速运动。

（二）过程与方法。

1. 探究“伽利略斜面实验”，运用实验方法解决问题。

2. 利用线上线下联动的方法构建科学概念。

3. 理论推理：用斜面下落代替垂直下落，从而推出垂直下落运动的一些结论。

（三）情感、态度、价值观。

1. 激发学生对科学实验的兴趣，学会尊重科学事实。

2. 培养学生运用网络工具来学习的习惯。

3. 让学生体会到，科学探究不是一件难事，并不是专属于科学家的。

4. 培养学生到科技馆学习的兴趣和习惯。

三、表现方法

（一）展项的科学原理。

伽利略巧妙地利用了斜面实验来“放缓”物体的坠落。他通过测量发现，当斜面的倾角一定时，不同质量的小球滚下斜面的时间是相同的。当斜面倾角不断增大，变为90° 时，就是垂直下落的特殊情况。伽利略斜面实验还有重要发现：斜面上的小球从起点开始，在相同的时间间隔内移动的距离之比总是1:3:5:7:…就是说，小球在每个相同的时间间隔内，速度是均匀增加的，小球做的是匀加速直线运动。

垂直下落是斜面下落的一种特殊情况，那么可以推理物体在垂直下落过程中，每个相同的时间间隔内，速度是均匀增加的，垂直下落也是匀加速运动。

（二）活动中的科学方法。

1. 以展项内容节目化突破认知边界。不同于现有的导览App的文字、图片或碎片化视频形式，节目中以生动的角色将展项的背景、原理及启示串联起来，集科学性与趣味性于一体。例如伽利略斜面实验中，当年伽利略以斜面"放缓"落体运动来研究自由落体运动规律的方法，可以为小学生接受，但是，"匀加速直线运动"的概念就很难向他们说明白。广东科学中心与广州市广播电视台合作拍摄的线上节目是怎样突破的呢？

（1）依靠两个小主持人LULU和YAYA的形象导引。

（2）依靠"匀速下落""加速下落""减速下落"等不太严谨但比较通俗易懂的语言。

（3）依靠"相同时间间隔内通过的路程"的具体量度。

（4）依靠拼图和均匀楼梯对相同时间间隔内速度增量的模拟。

2. 通过斜面放缓运动来研究落体运动规律。垂直下落的速度过快，难以观察记录，通过斜面来放缓运动的速度，为研究创造有利条件。从斜面实验中，推理出垂直下落的运动规律。

3. "实验—数学"的科学研究方法。通过实验，得到系列数据，再用演绎推理的数学方法，得出数据之间的数学规律。

图2　主持人提出问题

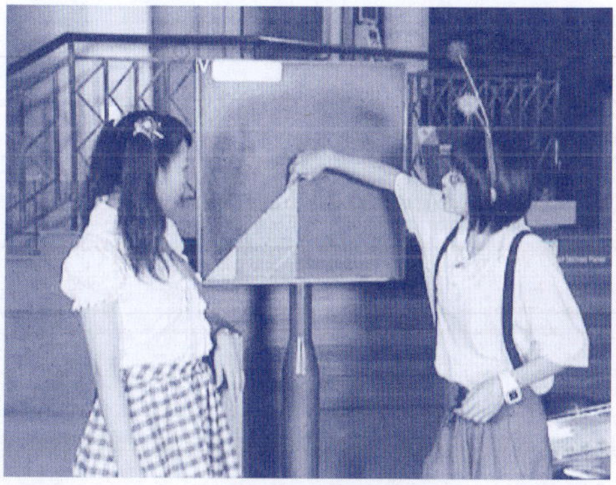

图3　主持人演示实验

四、实施流程

（一）科普节目开发、拍摄。

广东科学中心与广州市教研室师资力量和广州市广播电视台（少儿频道）合作，拍摄展项科普少儿节目。目前已完成24个展项的节目拍制。

（二）活动宣传。

1. 已完成拍制的24集节目已在广州市广播电视台（少儿频道）多次播放。

2. 在广东科学中心视频号发布视频节目。

3. 公开出版视频并送进学校。

图4　视频CD包装

图5　视频CD

4. 通过微信公众号进行传播。

（三）教案开发。

为将视频与实体展项结合进行教学，组织相关人员进行教案开发，并反复修改校正。

（四）辅导员培训。

开发人员与辅导员一起进行实操培训。

（五）组织试教。

组织学校的班级进行试教，以修正教案。

（六）开展馆校结合教育活动。

试教成功后，正式推向学校。

近几年来，在广州市科技教育专项的支持下，广东科学中心与广州市青年科技教育协会合作，联合发文推进馆校结合青少年校外科学活动。活动依托广东科学中心教育资源和辅导团队，以“科学探究营地”的方式开展。“伽利略斜面实验”是科学探究营地中的展项专项探究活动，活动实施流程如下：

1. 学校通过广东科学中心官网下载并填写“广东科学中心科学探究营地预约表”进行预约，明确参加展项专项探究活动“伽利略斜面实验”。

2. 广东科学中心进行教学前的准备，包括安排辅导员、准备物料等。

3. 实施翻转课堂教学。

（1）学生们与实体展项互动前先通过视频了解展项的基本情况并思考、提出问题，实际上体现一种情境教学法的应用。情境，不单纯指具体的场景，更重要的是营造提出问题、设置问题的氛围。对小学生来说，他们不可能一下子对自由落体运动提出很多问题，这时，节目视频就形象地帮他们引入问题情境中。

图6 观看创设问题情境部分视频

（2）带着问题来到场馆，与展项互动体验，就是有目的的探究，是获得真实知识的过程体验。学生们通过亲自进行实验和对数据记录表数值的分析，得出1∶3∶5∶7∶…一串有规律的数字，加深对“定时测距”意义的理解。

（3）回到课室后，观看原理揭秘的视频，在辅导员指导下，进行小组讨论和总结。

（4）课程结束后，让学生进行活动评价。

图7 学生动手实验、记录数据

图8 学生总结知识点及探究心得

4. 定期组织辅导员总结和开展提升培训。

（七）微信活动流程。

1. 公众通过微信公众号，观看节目视频。

2. 参与线上6道题目的小测验。

3. 测验答对四题者，可获得免费参与展馆展项现场探究资格。

4. 在展馆展项现场探究互动，通过了辅导员的考查，可获得更多线下探究营地的教学奖品。

五、教育效果

广东科学中心的《科学好玩大发现》在广州市广播电视台播出后，收到了良好的效果。广州市科学技术局支持2期拍制和推广传播，广州市教育局将其列为全市科技骨干教师通识教育培训内容之一，市、县科学技术协会将其作为社区青少年的科普资源，师范院校将其作为开拓教育专业学生的选修课内容，部分中小学校将其列为科技课的内容或作为来广东科学中心活动前的前置认识，而广东省科技馆研究会更是将其作为全省山区科普行的重要科普资源。正是视频拍制后的传播效果，推动着视频后续的开拓应用。

在中国科学技术协会青少年科技中心和广州市教育局支持下的“科技馆活动进校园”项目的实施过程中，广东科学中心与学校联合，在班级团体的综合实践活动中，运用了翻转课堂等教学方式，采用与展品互动前、互动中和互动后三段一体的教学方法，使小学生了解一定的科学原理和规律，掌握一定的科学探究方法。例如在“伽利略斜面实验”实践课中，通过视频的导入和在展品上测量相结合，小学生就很容易懂得小球在下落的过程中，在同样的时间间隔内，小球走过的距离是有规律地增加的，经进一步引导，就可以让他们得出小球在做匀加速运动的结论。在实践课过程中，无须进行公式的推导和证明，避免超出小学生的认知水平。

在互联网和移动互联网技术的迅猛发展下，新媒体应用于教育已是不争的事实。以亲子家庭为基本对象，利用微信公众号将《科学好玩大发现》进行传播，设置相应的互动问答环节，并采取激励措施引导亲子们走进展馆、与展项互动，其教育效果是显而易见的。

六、示范推广

科技场馆的展项本身是无“情”的，但通过人机互动，尤其是辅导员的启发、引导和公众的体验、互动，展项可以变得鲜活起来。这个变得鲜活的过程，可以通过拍摄设备记录下来再传播应用。因此本案例呈现的传播教育方式很容易在科技场馆推广应用。

伽利略斜面实验是经典物理实验，实验方法多种多样；实践课中小学生计时、测距的方法也是常规方法，这种让实验内容与探究、实践方法巧妙结合的做法，是容易被借鉴和应用的。

另外，将科技课、翻转课堂、科普视频和实体展项结合实行课前、课中、课后三段一体综合学习的教育活动和线上线下联动的教育活动，是当前我国科技场馆多元化教育发展中值得尝试的途径。

七、研发团队介绍

本教育方案的开发和实施涉及视频脚本编写与拍制、翻转课堂教学的设计、微信公众号传播等一系列内容，参与研发的单位有广东科学中心、广州市小学科学教研会和广州市广播电视台（少儿频道）等。其中广东科学中心的研发人员来自科普教育部、研究设计部和运行管理部，核心人员为侯的平、吴志庆、张涌林、许玉球、韩俊，其他主要参与人员还有管昕、吴晶平、黄亚萍、黄嘉健；广东省特级教师雷晓晖全程参与；广州市广播电视台（少儿频道）品牌导演和主持人徐文峰、李露、陈逸雅、吴佳佳参与了所有视频脚本编写和拍制工作；广东工业大学硕士研究生胡忠参与了部分工作。其他幕后人员如设备人员等不再一一列举。

参考文献

[1] 张小平．从杜威到布鲁纳——看美国教学论思想的发展[J]．华东师范大学学报（教育科学版），1983(1): 67-74+66.

附录3

我的晚餐食谱

——广东科学中心科普教育活动

李瑶　吴成涛　关婉君
（广东科学中心，广州，510006）

方案简介　展项专项探究活动是广东科学中心开展基于展品教育活动的主要形式。本教案基于“儿童天地”展馆内“超市”展项，面向小学3～4年级的学生进行设计开发和实施。本展项旨在通过探究活动的形式，让学生发现自己现有晚餐食谱的不足，重新设计搭配合理的营养晚餐，纠正不良的饮食习惯，养成良好的饮食卫生习惯。活动方案采用多人分组、情景模拟的辅导方法，让学生在超市中通过购物、付款、就餐等一系列体验，结合食物营养金字塔，本着营养均衡的原则，在超市中自己选购食物，了解各种食物的营养成分，学习如何科学地搭配食物，从而引导他们养成科学健康的饮食习惯。在活动过程中，本着“寓教于乐”的教育理念，通过游戏、知识竞赛的方式让学生了解饮食与健康的知识。

关键词　饮食营养与健康　食物金字塔　情景模拟

一、设计思路

（一）活动设计背景。

营养与健康的关系，大家都很关注，但吃得好并不意味着能够摄取到身体所需的各种营养素。据调查，我国学生中有29%的人喜欢吃麦当劳、肯德基等洋快餐食品，这些食品是导致人们发胖并诱发多种疾病的重要因素之一。为了让大家了解食物的营养价值，特别是让儿童从小养成良好的饮食习惯，降低在学生时期出现肥胖症的概率，广东科学中心根据小学3～4年级学生的年龄特点，结合“儿童天地”展馆内的“超市”展项，设计了“我的晚餐食谱”这项贴近生活且学生感兴趣的探究活动。希望以“我的晚餐食谱”作为切入点，在探究过程中，让学生了解各种食物的营养成分，用科学的方法判断自己每天摄入的食物是否符合营养需求，培养科学健康的饮食习惯。

（二）活动主题：我的晚餐食谱。

（三）主要对象：3～4年级学生。

（四）特点和创新性。

1. 情景模拟：通过在“超市”展项内选购食材、付款、就餐等，学生进入与现实生活相类似的情景中，从而调动学生的积极性，这是普通课堂教学所难以实现的。

2. 小组合作：以小组为单位，组内合作，设计一顿健康的晚餐食谱。每组的小组长收集和整理好意见后，把设计好的食谱填写在探究工作的表格内，这样的方式能够有效地培养学生的团队合作意识。

3. 有效的创新活动：3～4年级学生的注意力不稳定、不持久，难以长时间注意同一事物，容易被一些新奇刺激所吸引。形式新颖、色彩鲜艳的对象，比较容易引起学生的兴趣和吸引他们注意。用色彩鲜艳的食物，通过抢答的形式吸引他们的注意力，同时让他们了解食物的营养成分，更有利于活动的开展。

二、教育目标

（一）知识与技能。

1. 认识人体所需要的营养成分及其来源。

2. 了解自己每天摄入的食物是否符合营养需求。

（二）过程与方法。

1. 通过在超市内选购食物了解它们的营养成分。

2. 通过观察食物金字塔了解人体所需的营养。

3. 设计搭配出一顿营养晚餐的食材。

（三）情感、态度、价值观

1. 学会团队合作、与人交流，促进学生个性的健康发展。

2. 纠正不良的饮食习惯，养成良好的饮食卫生习惯。

三、表现方法

（一）展项的科学原理。

1. 人体所需的营养素。

营养素是指维持人类生存所需的主要营养物质。一般包括七大类，即蛋白质、脂类、碳水化合物、矿物质、维生素、膳食纤维和水。七大营养素主要来自九大类食物：谷类、蛋类、奶类、根茎类、肉类、鱼虾和贝类、豆类、干果类、蔬菜和瓜果类。

2. 小学生膳食营养中存在的问题。

（1）蛋白质、能量、钙、维生素A、维生素B_2，以及维生素C摄入不足。

（2）不吃或应付式地吃早餐，午餐吃不好，晚餐吃得过多。

（3）小学生肥胖率过高。

3. 食物营养金字塔。

金字塔分为五层：食物多样，谷类为主，粗细搭配；多吃蔬菜、水果和薯类；每天吃奶类、豆类或其制品；常吃适量的鱼、禽、蛋和瘦肉；减少烹调油，吃清淡、少油膳食。同时食不过量，天天运动，保持正常体重。三餐分配要合理，零食要适当。每天饮用足量水，合理选择饮料。吃新鲜卫生的食物。

4. 营养晚餐设计的基本要求。

（1）学生营养晚餐营养素的设计量应占全天供给量的35%～40%，且应多补充有益于生长发育的营养素。

（2）学生营养晚餐的食物应包括瓜果蔬菜类、大豆及其制品类、鱼禽蛋奶类等三大类食物，所占比重分别为60%、10%、30%左右比较合适。

（3）学生营养晚餐的种类，应为6～10种甚至更多。

（二）活动中的科学方法。

1. 探究法：互动体验式学习。

（1）进入超市以后，学生手提购物篮，可在各货架选购食物。

（2）购物完成以后，走到计价台使用条码机扫描选中的货物，得到一张记录所选购物品的条码纸。

（3）在付款区，学生将条码纸放到付款机的扫描口进行扫描，电脑显示屏给出所挑选食物的卡通图片、数量和总金额。在操作台上有各种币值的金属币模板装置，付款时，将金属币移动到滑杆的右端则表示支付了相应的金额。电脑会对付款正确与否做出提示。如果付款等于或多于应付金额，显示屏提示付款正确或找零；当付款金额少于应付金额时，显示屏提示学生付款不正确及还需支付的金额。需要时按下操作台上的“帮助”按钮，显示屏会给出提示以帮助学生完成付款。

（4）在就餐区，学生把之前获得的条码纸拿到扫描口进行扫描，启动多媒体动画，电脑会告诉学生当前的选择搭配是否合理，随后会介绍所选食物的营养成分。

2. 实验作业法。

学生参观超市后，结合了解到的有关食物的知识，设计适合自己的营养晚餐。

3. 善于观察并总结经验。

学生进入超市时，需要细心观察各种食物所在的位置、食物的种类，仔细了解食物营养金字塔的结构。在进行付款的时候，如发现不成功，应留意付款的金额是否过少。在就餐区，如果电脑显示食物搭配不合理，可以进行多次尝试，从失败的经验中总结出成功的秘诀。

（三）科学思想及精神。

1. 激发学习兴趣。

2. 留足三个空间。

（1）心理空间。科普辅导员语言要亲切平和，拉近与学生之间的距离，营造良好的求知心理空间。

（2）学生自主空间。活动中要给学生足够的思考空间，实行自主、合作、探究的学习方式，以问题为主线，学生为主体，科普辅导员辅助指导，循序渐进，步步深入。

（3）生成空间。辅导员需要明白，学生通过这次探究活动获得了哪些知识与能力以及情感、价值观的教育。

四、实施流程

- 学生分组，了解学生相关知识的基础
  - 将学生按照要求分成几个小组
  - 提问引入：晚餐吃什么食物？食物中有什么营养成分
  - 根据学生的回答每组选出一名小组长
- 探究活动一（发现现有晚餐的不足）
  - 小组记录平时晚餐中的食物
  - 辅导员检查小组记录情况
  - 分组观察超市外围食物在营养金字塔的位置
  - 检验平时的晚餐是否符合营养需求
  - 交流与小结
- 探究活动二（设计健康的营养晚餐）
  - 创设情景：在“超市”展项内进行
  - 提出任务：以小组为单位，搭配一顿健康的晚餐
  - 检验营养晚餐的设计情况
- 评价环节
  - 1. 学生介绍自己的食谱设计及获得集体的评价
    2. 学生分享活动的收获
  - 学生进行知识抢答，辅导员最后总结

五、教育效果

（一）活动运用的教育资源。

“儿童天地”展馆是广东科学中心主要面向12岁以下儿童开设的展厅，本次活动充分利用了“儿童天地”展馆内的相关展项，比如“超市”。超市由水果和蔬菜货架、罐装食物货架、奶制品货架、肉类和烘烤食品货架、各种商品仿真模型、购物篮、计价台、付款台、就餐台构成。

（二）已完成成果。

自2009年起首推探究活动以来，参加探究活动的游客至今累计近万人次，受众面广，效果明显。其中，“我的晚餐食谱”作为第一批开展的探究活动，自推出以来深受广大家长和师生的欢迎，目前已成为探究活动主要项目之一。该活动现作为广东科学中心探究类教育活动之一，对公众开放预约。

（三）在科技馆内的重要体现。

“我的晚餐食谱”探究活动是广东科学中心联合广州市教育局自主开发，针对青少年教育的一项科教增值服务。这种探究类的科普活动体现了教育活动的创新，以及紧跟时代的教育理念，符合社会前进的潮流，有利于学习者在心灵上、行为上、感官上深入交流和沟通，不再是教育者向受教育者单向传递，而是双向交流、互相影响。

从2011年起，在广州教育局“科技馆进校园活动”的支持下，广东科学中心基于此类探究活动对学校团队和夏令营团队开放常规预约，预约平台一直广受关注。除了应用于学生的非正规教育以外，广东科学中心还在场馆中面向散客（主要是亲子家庭）定时召集、开展讲解教育活动，收到了良好的效果和社会评价。

（四）活动对学生的影响。

1. 重视与数学的关联与互动。

科学与数学的内在联系是不言而喻的，科学探究中的数据处理都离不开数学。鼓励学生在探究的过程中，运用数学知识和数学思维方式解决问题，例如，在超市中购买食物付款时需要考验学生的计算能力。

2. 重视与语文的关联与互动。

学生在探究中记录食材、搭配食材，包括进行分享、总结都是将语言进行再次组织的过程。

六、示范推广

把与生活密切相关的知识与展项结合在一起，通过启发式、探究式的教学方法及情景模拟等活动形式引导学生进入展项，和展项进行互动。这种主题式的探究活动，辅以相应的辅导指南，是最容易推广且最简单的教学方法。作为学校教育的有机补充，此类活动充分体现了科普教育活动的自主性、灵活性，与“快乐教育理论”也非常吻合，让学生在快乐的游戏中感悟知识原理，把枯燥的数学公式、符号变成游戏，在游戏中启迪学生的创新意识。“我的晚餐食谱”活动更是非常巧妙地把不同的学科关联起来，与数学、语文的关联，与实践活动的关联，等等。

七、研发团队介绍

本教育活动的设计开发团队由广东科学中心科普教育部、研究设计部和运行管理部有关人员，以及广州市教育局教研室有关教师组成。研发团队的成员主要有广东科学中心运行部副部长吴成涛，运行部主管关婉君，科普辅导员李瑶，科普教育部吴志庆，广州市教育局小学科学教研室选派的骨干教师周达航、黎璟倩等。在教案设计开发和实施的过程中得到广东科学中心科普教育部侯的平部长、研究设计部张涌林和广州市教育研究院义务教育研究室高级教师许广玲的指导。

参考文献

[1]戴维斯. 吃的营养科学观 [M]. 刘伟, 译. 北京: 中国轻工业出版社, 2004.

后记

Postscript

科技发展日新月异，科普呈现永不止步。为了紧跟时代发展步伐，广东科学中心自建成开馆以来不忘建馆初心使命，将科普教育功能作为首要的核心功能，不断更新完善展馆展示内容，先后自主完成了“交通世界”“材料园地”“创新空间”“数字乐园”“人与健康”“实验与发现”“儿童天地”展馆的更新改造；创新建馆模式，以“馆企”“馆政”作为合作模式，于2019年和2020年建成具有国际先进水平的低碳与新能源汽车科普体验馆、广东省食品药品科普体验馆等展馆，并向外延伸合作建设“白药空间体验中心”等展馆。这些更新改造展馆和新建体验馆，向公众提供了新颖、丰富的科普教育内容。在此基础上，持续开发二度教育资源，加大优质科普教育资源的推广力度，扩大科普教育的受众面和强化宣传效果。

2021年，广东科学中心启动了展馆修缮改造项目，改造面积达6 700平方米，改造展馆包括“飞天之梦”“绿色家园”“岭南科技纵横”展馆等。本次修缮改造采取展馆整体改造的方式进行，展览方案设计面向国际招标，引入优秀的设计方案。本次修缮改造将实施“展教同步”，与国际先进科技馆的建设模式接轨，在展馆重新开放的同时，面向公众推出不同深度、不同广度的配套教育资源，更好地满足公众对优质科普资源的需求。

我们相信，修缮改造后的广东科学中心，将以更加昂扬、更加饱满的姿态屹立于珠江之畔！